日建学院

令和6年度版
（2024年度版）

2級

土木施工管理技士

一次対策厳選
問題解説集

編著 土木施工管理技士資格研究会

学習ガイド

**初学者が最初に学ぶ一冊！
よく出る，理解しやすい 118 問！！**

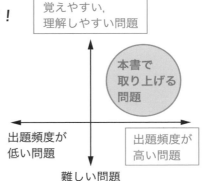

よく出る問題を厳選

　第一次検定（旧・学科試験）の近年の出題傾向を分析しますと，全体の約 6 割が過去問からの出題になっています。そのため，まずは過去によく出題されている問題を確実に得点することがポイントです。本書は過去 16 年間に出題された問題（後期試験）の中から**出題頻度が高く，かつ，初学者でも理解しやすい基本問題**である 118 問を抽出して解説しています。

理解しやすい基礎知識に絞って解説

　試験問題の中には，高い専門性が求められる難しい論点も含まれています。そのため，最初からすべてを網羅した学習をするのではなく，まずは理解しやすい基本問題を繰り返し解いて基礎知識を身に付けることがポイントです。そこで，本書では設問中の 4 つの解答肢のうち難しい論点には触れず，解答を導き出すために必要な基礎知識に絞り，できるだけ絵や表を使ってわかりやすく解説しています。

本書の繰り返し学習から周辺知識に広げる

　第一次検定の攻略には，何より**繰り返し学習が効果的**です。最低でも 3 回は本書を解いて，理解しやすい基本問題を身に付けましょう。そして次のステップとして，本書の解説に記載している『マンガ基本テキスト』の該当箇所の前後を読み進めることで，基本問題の周辺知識を少しずつ広げていく学習が効果的です。

最優先は「施工管理」と「土木一般」,
その他は基本問題をおさえる

　出題区分別の優先順位としては,解答数が多い「施工管理法」と「土木一般」を最優先として学習しましょう。その他については,本書で取り上げている基本問題を確実に解答できるように学習することがポイントです。また,「専門土木」では専門外の苦手分野や難しい問題には深入りしないように注意しましょう。

■ 出題区分別の問題数と学習の優先順位

出題区分	出題数	解答数	選択必須	学習の優先順位	
土木一般	11 問	9 問	選択	★★★	土木施工の基本。第二次検定対策にもなるため時間を割いて学習する科目
専門土木	20 問	6 問	選択	★	得意分野とその周辺分野を中心に学習。苦手分野の深入りは禁物
法　規	11 問	6 問	選択	★★	まんべんなく出題されるため各法規の基本問題をおさえる
施工管理	11 問	11 問	必須	★★★	解答数が最大で,かつ必須問題のため最優先で学習する科目
施工管理法	8 問	8 問	必須		
合　計	61 問	40 問			

※施工管理は「能力問題」を含む

■厳選された問題を掲載〜令和5年（後期）の出題数と本書の掲載問題数〜

出題区分	出題項目	出題数		掲載数	
土木一般	土　工	4		9	
	コンクリート工	4	11	14	31
	基礎工	3		8	
専門土木	コンクリート・鋼構造物	3		3	
	河川工事	2		3	
	砂防工事	2		5	
	道路・舗装工事	4		4	
	上下水道工事	2	20	2	28
	ダム工事	1		2	
	港湾工事	2		4	
	トンネル工事	1		3	
	鉄道工事	2		2	
	地下構造物	1		0	
法　規	労働基準法	2		3	
	労働安全衛生法	1		4	
	建設業法	1		2	
	道路法・道路交通法	1		2	
	河川法	1		2	
	建築基準法	1	11	2	23
	火薬類取締法	1		1	
	騒音規制法	1		3	
	振動規制法	1		2	
	港則法	1		2	
施工管理 施工管理法 ※「能力問題」 を含む	測　量	1		3	
	契約・設計図書	1		4	
	施工計画	4		3	
	工程管理	2	19	10	36
	安全管理	4		7	
	品質管理	4		6	
	建設機械	2		2	
	公害関連法令	1		1	
合　計		61		118	

本書の構成と利用法

ビジュアル的に理解しやすい見開きレイアウト！
解説は必要最低限の基礎知識！

● 重要度
厳選した問題を，さらに重要度に応じて「AAA」「AA」「A」の３段階にランク分けしています。メリハリのある学習にお役立てください。

● 出題年度
試験で出題された年度を表記しています。
例：R5 −07
　　　　→令和５年度 No.7

● 重要な点に絞った解説
解説は，問題を解くにあたって必要な論点に絞っています。ほとんどの問題で，正解の根拠となる箇所にはアンダーラインを引いているので，重要なポイントが一目瞭然！

重要度
A

出題年度
R5-07

コンクリート工
コンクリートの性質
（フレッシュコンクリート）

チェック!! ☑ ☐ ☐ ☐ ☐

No. 12　フレッシュコンクリートに関する次の記述のうち，**適当でない**ものはどれか。

❶ コンシステンシーとは，変形又は流動に対する抵抗性である。

❷ レイタンスとは，コンクリート表面に水とともに浮かび上がって沈殿する物質である。

❸ 材料分離抵抗性とは，コンクリート中の材料が分離することに対する抵抗性である。

❹ ブリーディングとは，運搬から仕上げまでの一連の作業のしやすさである。

解 説

❶❷❸**適当**。設問のとおり，適当です。
❹**不適当**。レイタンスとは，コンクリート打込み後，コンクリート表面に浮かび出て沈殿する物質のことです。したがって，❹が不適当です。
　なお，設問文の「運搬から仕上げまでの一連の作業のしやすさ」とは，ワーカビリティーです。

● チェック欄
各問題にチェック欄を設けました。間違えた問題には印をつけるなど，学習の達成度をつかんでください。

● ポイント解説
問題に関連した重要な論点や用語解説を，豊富なイラストや図表を使用して解説しています。

ポイント解説

「ブリーディング」 「レイタンス」

土木一般

コンクリート工

●土木用語解説

「ブリーディング」「レイタンス」

❹ ブリーディングとは，コンクリート打設中の締固めによって水が上昇する現象のことをいいます。発生したブリーディング水はひしゃくやスポンジで除去します。

ブリーディング現象

❷ レイタンスとは，ブリーディングに伴って内部の微細な粒子がコンクリートの表面に浮上し，沈殿したものをいいます。レイタンスが残った状態で次のコンクリートを打ち継ぐと，コンクリート同士の付着性が阻害され，ひび割れの原因となるため，金ブラシやハイウォッシャーで除去します。

余分な水
（ブリーディング水）

●ブリーディング水除去状況　　　●レイタンス処理状況

　この設問にあるカタカナ表記のキーワードは出題頻度が高いコンクリート工の専門用語です。ブリーディングとレイタンスは，絵をイメージして理解するようにしましょう。

『楽しく学べるマンガ基本テキスト』
➡ コンクリートの材料 p.49～

正解 **4**

● 『マンガ基本テキスト』にリンク
本書の姉妹本『２級土木施工管理技士 楽しく学べる マンガ基本テキスト』の参照ページを付記しました。本書とあわせて活用することで，理解のスピードがアップします。

目　次

第1章　土木一般

第2章　専門土木

第3章　法　規

第4章　施工管理

令和6年度 2級土木施工管理技術検定の
実施について（抜粋）

■ 申込受付期間

「第一次検定（前期）」（種別を土木のみとする）

令和6年3月6日（水）～令和6年3月21日（木）

「第一次検定（後期），第二次検定」

令和6年7月3日（水）～令和6年7月17日（水）

■ 試験日及び合格発表日

「第一次検定（前期）」（種別を土木のみとする）

試験日：令和6年6月2日（日）

合格発表日：令和6年7月2日（火）

「第一次検定（後期），第二次検定」

試験日：令和6年10月27日（日）

合格発表日：

第一次検定（後期）：令和6年12月4日（水）

第二次検定：令和7年2月5日（水）

■ 合格基準（令和5年度の例）

・第一次検定　得点が60%以上

・第二次検定　得点が60%以上

■ 受検手数料

第一次検定・第二次検定 10,500円

第一次検定 5,250円 / 第二次検定 5,250円

※令和6年度の技術検定の詳細については，
試験機関発表の『受検の手引』をご確認ください

土木施工管理技術検定に関する申込書類提出及び問い合わせ先

一般財団法人 全国建設研修センター　土木試験部

〒187-8540　東京都小平市喜平町2-1-2

TEL　042（300）6860

※電話番号のおかけ間違いにご注意ください。

施工管理技術検定の制度改正について

（一般財団法人 全国建設研修センターの HP より編集）

■ 令和3年度 制度改正

建設業法等の一部改正により，令和3年度からの技術検定試験は，次のように変わりました。

（1）試験の構成について

＜改正前＞		＜改正後＞
学科試験	→	第一次検定
実地試験	→	第二次検定

（2）検定合格者に付与される資格

＜改正前＞

学科試験・実地試験の両方に合格した者に「施工管理技士」の資格を付与

＜改正後＞

第一次検定合格者	→	「施工管理技士補」の資格を付与
第二次検定合格者	→	「施工管理技士」の資格を付与

（3）検定基準（試験内容）の再編

改正前は，学科試験は知識問題，実地試験は能力問題で構成されていましたが，新制度では，第一次検定では，知識問題を中心に能力問題が追加され，第二次検定では，能力問題を中心に知識問題が追加されます。

■ 令和6年度 制度改正

さらに，施工技術検定規則及び建設業法施行規則の一部改正により，令和6年度からの技術検定の受検資格が，次のように変わりました。

（1）1級受検資格の見直し

1級の第一次検定は，受検年度末時点で 19 歳以上であれば受検可能です。

1級の第二次検定は，1級第一次検定に合格した者で，2級第二次検定合格後に必要な実務経験を得てからの受検となります。

＜２級土木施工管理（種別：土木）令和３年度からの技術検定の基準と方式の例＞

[改正前]

試験区分	試験科目	知識能力	試験基準	方式
学科試験	土木工学等	知識	・土木工学、電気工学、電気通信工学、機械工学及び建築工学に関する概略の知識　・設計図書を正確に読み取るための知識	マークシート方式
	施工管理法	知識	・施工計画の作成方法及び工程管理、品質管理、安全管理等工事の施工の管理方法に関する概略の知識	
	法規	知識	・建設工事の施工に必要な法令に関する概略の知識	
実地試験	施工管理法	能力	・土質試験及び土木材料の強度等の試験の正確な実施かつその結果を行う事ができる一応の応用能力　・設計図書に基づいて工事現場において工事現場における施工、施工計画の適切な作成、施工計画を実施することができる一応の応用能力	記述式

[改正後]　※色文字：基準の追加・変更箇所

検定区分	検定科目	知識能力	検定基準	方式
第一次検定	土木工学等	知識	・土木工学、電気工学、電気通信工学、機械工学及び建築工学に関する概略の知識　・設計図書を正確に読み取るための知識	マークシート方式
	施工管理法	知識	・施工計画の作成方法及び工程管理、品質管理、安全管理等工事の施工の管理方法に関する基礎的な知識	
		能力	・施工の管理を適確に行うために必要な基礎的な能力	
	法規	知識	・建設工事の施工に必要な法令に関する概略の知識	
第二次検定	施工管理法	知識	・主任技術者として工事の施工の管理を適確に行うために必要な知識	記述式
		能力	・主任技術者として土質試験及び土木材料の強度等の試験の正確な実施かつその結果に基づいて必要な措置を行う事ができる応用能力　・主任技術者として設計図書に基づいて工事現場における施工計画の適切な作成、施工計画を実施することができる応用能力	

第 1 章

土木一般

土　工

コンクリート工

基礎工

土 工
原位置試験

チェック‼ ☑ ☐ ☐ ☐ ☐

No. 1　　土質試験（原位置試験）の種類とその目的に関する次の記述のうち，**適当でないもの**はどれか。

❶　ポータブルコーン貫入試験の結果は，建設機械の走行性の良否の判定に使用される。

❷　砂置換法による土の密度試験の結果は，土の締固めの良否の判定に使用される。

❸　ボーリング孔を利用した透水試験の結果は，土の軟硬の判定に使用される。

❹　標準貫入試験の結果は，地盤支持力の判定に使用される。

解 説

❶❷❹**適当**。設問のとおり，適当です。

❸**不適当**。ボーリング孔を利用した透水試験（現場透水試験）は，地盤の透水係数を求める試験であり，土の軟硬を判定するための試験ではありません。

現場透水試験は，ボーリング孔内の水位を人工的に低下させ，その後の回復状況を測定し，時間と地下水位の回復量を観測する非定常法が一般的で，水を揚水・注水して観測する定常法もあります。試験結果は，掘削工事に伴う湧水量の算定や，軟弱地盤対策工としての各種地盤改良工法の設計に用いられます。したがって，❸が不適当です。

ポイント解説

「現場透水試験」

現場透水試験のように，土質試験では試験の名称から試験内容が推定できるものがあります。漢字表記の土質試験については，説明文をよく読んで試験の名称と整合が取れているか確認するようにしましょう。

● 現場透水試験

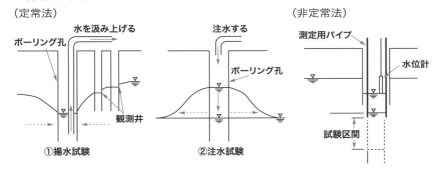

（定常法）

水を汲み上げる
ボーリング孔
観測井
①揚水試験

注水する
ボーリング孔
②注水試験

（非定常法）

測定用パイプ
水位計
試験区間

例として，平板載荷試験は地盤面に設置した平板に荷重を載荷して地盤反力係数を求める試験で，試験結果は締固めの施工管理に利用します。

● 平板載荷試験

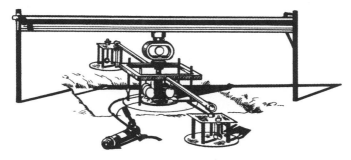

『楽しく学べるマンガ基本テキスト』
➡土質試験 p.21 ～

正解 3

3

土 工
土質調査

チェック‼ ✓ ☐ ☐ ☐ ☐

No.
2

土質調査に関する次の試験方法のうち，**原位置試験**はどれか。

❶ 突き固めによる土の締固め試験

❷ 土の含水比試験

❸ スウェーデン式サウンディング試験

❹ 土粒子の密度試験

解 説

❶❷❹**原位置試験ではない。** いずれも室内試験に分類されます。

❸**原位置試験である。** **スウェーデン式サウンディング試験（スクリューウエ
イト貫入試験）** は，小規模構造物を対象とした調査に有効な原位置試験です。
したがって，❸が原位置試験に該当します。

「原位置試験」
「サウンディング試験」

　土質調査には，実際の施工現場（原位置）で行う**原位置試験**と，原位置から採取した土を室内で試験する**室内試験**に分類されます。主要な土質調査が原位置試験と室内試験のどちらに該当するか，判別できるかがポイントとなります。

● **原位置試験**

● **室内試験**

　原位置試験のうち代表的なものに**サウンディング試験**があります。サウンディング試験は，パイプやワイヤーの先端に抵抗体を取り付けて，これを地中に挿入して貫入，回転させて，その抵抗値から土の硬軟の判定や，地中の状態を推定することができます。

　設問にあるスウェーデン式サウンディング試験（スクリューウエイト貫入試験）のほか，オランダ式二重管コーン貫入試験，標準貫入試験が代表的な原位置試験です。

『楽しく学べるマンガ基本テキスト』
➡土質調査 p.14 ～，土質試験 p.21 ～

正解 **3**

土 工

土質調査

チェック !! ☑ ☐ ☐ ☐ ☐

No.
3

土質調査に関する次の試験方法のうち，**室内試験**はどれか。

❶ 土の液性限界・塑性限界試験

❷ スウェーデン式サウンディング試験

❸ オランダ式二重管コーン貫入試験

❹ 標準貫入試験

解 説

❶**適当**。土の液性限界・塑性限界試験は，採取した試料をもとに室内で行う土質調査です。この試験では，土の水分の多少によるやわらかさであるコンシステンシー限界（液性限界・塑性限界）を測定することができます。したがって，❶が室内試験に該当します。

❷スウェーデン式サウンディング試験（スクリューウエイト貫入試験），❸オランダ式二重管コーン貫入試験，❹標準貫入試験は，全て原位置において行う土質調査です。

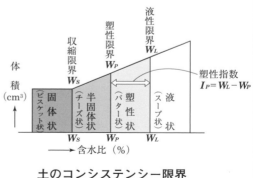

土のコンシステンシー限界

「サウンディング試験」

●土木用語解説

代表的な原位置試験である，３つのサウンディング試験を覚えましょう。

「スウェーデン式サウンディング試験」
（スクリューウエイト貫入試験）

載荷装置に段階的に荷重を載せ，人力により回転を与えた時のスクリューポイントの貫入量と半回転数により，土の硬軟や締まり具合を判定することができます。

小規模構造物を対象とした調査に有効な試験です。

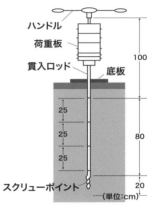

ハンドル
荷重板
貫入ロッド
底板
100
25
25
25
80
スクリューポイント
20
（単位:cm）

「コーン貫入試験」

コーン先端を地中に回転圧入させ，コーン貫入抵抗（コーン指数）を測定します。右図のようにコーンが単管式の**ポータブルコーン貫入試験**では，施工機械のトラフィカビリティの判定や軟弱地盤の比較的浅い層の土質調査に用いられ，設問にあるコーンが二重管式の**オランダ式二重管コーン貫入試験**では，土の硬軟，締まり具合の判定などに利用されます。

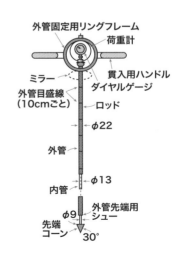

外管固定用リングフレーム
荷重計
ミラー
貫入用ハンドル
外管目盛線
（10cmごと）
ダイヤルゲージ
ロッド
φ22
外管
φ13
内管
外管先端用
シュー
φ9
先端
コーン
30°

「標準貫入試験」

　63.5±0.5kgのドライブハンマを76±1cmの高さから自由落下させてサンプラーを打ち込み，30cm貫入するのに要する打撃回数（N値）を測定します。この試験では土の試料採取を行うので，地層の判別も可能です。

　ボーリングと同時に比較的簡便に実施できるため，土木工事では多く利用されている試験です。

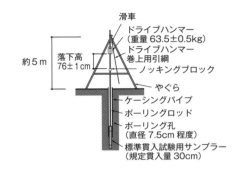

滑車
ドライブハンマー
（重量 63.5±0.5kg）
ドライブハンマー
巻上用引綱
ノッキングブロック
やぐら
ケーシングパイプ
ボーリングロッド
ボーリング孔
（直径 7.5cm 程度）
標準貫入試験用サンプラー
（規定貫入量 30cm）
約5m
落下高
76±1cm

MEMO

土 工

土量の計算

チェック!! ☑ ☐ ☐ ☐ ☐

No.
4

土量の変化率に関する次の記述のうち，**誤っているもの**はどれか。

ただし，$L = 1.20$　　　　$L = $ ほぐした土量／地山土量

$C = 0.90$ とする。　$C = $ 締め固めた土量／地山土量

❶ 締め固めた土量 100m^3 に必要な地山土量は 111m^3 である。

❷ 100m^3 の地山土量の運搬土量は 120m^3 である。

❸ ほぐされた土量 100m^3 を盛土して締め固めた土量は 75m^3 である。

❹ 100m^3 の地山土量を運搬し盛土後の締め固めた土量は 83m^3 である。

解　説

❶**正しい。**締め固めた土量から地山土量を求める問題ですので，締め固めた土量の変化率Cを使います。変化率Cの式に当てはめて計算すると，

　　C＝締固めた土量／地山土量

　　0.9＝100／111となり，計算結果と合致します。

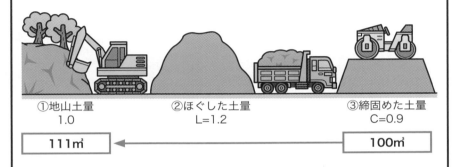

①地山土量　　　　　②ほぐした土量　　　　　③締固めた土量
　1.0　　　　　　　　L＝1.2　　　　　　　　C＝0.9

| 111㎥ | ← | 100㎥ |

❷**正しい。**地山土量から運搬土量を求める問題ですので，ほぐした土量の変化率Lを使います。変化率Lの式に当てはめて計算すると，

　　L＝ほぐした土量／地山土量

　　1.2＝120／100となり，計算結果と合致します。

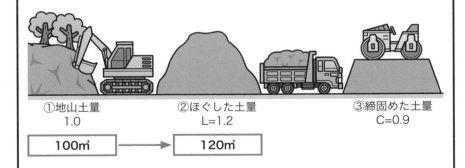

①地山土量　　　　　②ほぐした土量　　　　　③締固めた土量
　1.0　　　　　　　　L＝1.2　　　　　　　　C＝0.9

| 100㎥ | → | 120㎥ |

❸**正しい。**ほぐされた土量から締め固めた土量を求める問題ですので，はじめに計算①として，ほぐされた土量から地山土量を求めます。そのため，ほぐした土量の変化率Lの式に当てはめて計算します。

L=ほぐした土量／地山土量

1.2＝100／地山土量　→地山土量＝100÷1.2≒83.3㎥となります。

次に計算②として，求めた地山土量(83.3㎥)から締め固めた土量を求めます。

C=締固めた土量／地山土量

0.9＝締固めた土量／83.3　→締固めた土量＝83.3×0.9＝75㎥となり，計算結果と合致します。

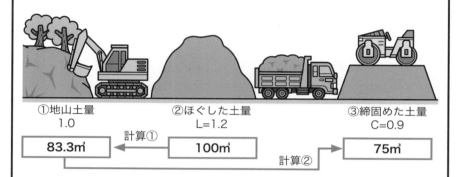

①地山土量　　　　　　②ほぐした土量　　　　　　③締固めた土量
1.0　　　　　　　　　L=1.2　　　　　　　　　　C=0.9

| 83.3㎥ | ←計算① | 100㎥ | 計算②→ | 75㎥ |

❹誤り。地山土量から締め固めた土量を求める計算ですので，締め固めた土量の変化率Cの式に当てはめて計算します。

C=締固めた土量／地山土量

0.9＝締固めた土量／100　→締固めた土量＝100×0.9＝90㎥

となり，設問の83㎥と異なります。したがって，❹は誤りです。

①地山土量　　　　　　②ほぐした土量　　　　　　③締固めた土量
1.0　　　　　　　　　L=1.2　　　　　　　　　　C=0.9

| 100㎥ | → | 90㎥ ○ |
| | | 83㎥ × |

「土量計算」

土量計算は，①地山の土量，ほぐした土量，③締固めた土量に分類され，以下の土量変化率の式で計算します。

・土量変化率L＝ほぐされた土量／地山土量
・土量変化率C＝締固めた土量／地山土量

①地山土量は，掘削すべき地山の土量で，この土量を「1」とします。②ほぐした土量は，運搬すべき土量のことで，一般に変化率Lは1より大きくなります。③締固めた土量は，できあがりの盛土量のことで，一般に変化率Cは1より小さくなります。（ただし，地山が岩盤の場合には1より大きくなることがあります。）

このように，まずは図の左から右へ①②③の順に，土量変化をイメージしながら土量変化率LとCの考え方を理解することがポイントです。なお，土量変化率の式は問題文で提示されますので暗記する必要はありません。

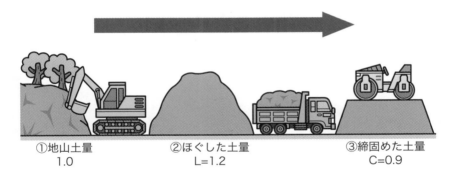

①地山土量　　　　②ほぐした土量　　　　③締固めた土量
　1.0　　　　　　　　L=1.2　　　　　　　　C=0.9

土量計算の問題は，全てこの2つの変化率の数式を使って答えを導き出すことができます。したがって，どのようなケースでLとCどちらの変化率を使うのか，判断できるようにしておく必要があります。土量計算の問題は，過去問を繰り返し解いて問題に慣れるようにしましょう。

『楽しく学べるマンガ基本テキスト』
➡土量の変化と変化率 p.35 〜

正解 4

土 工
土量の計算

チェック‼ ☑ ☐ ☐ ☐ ☐

No.
5

土量の変化に関する次の記述のうち，**正しいもの**はどれか。

ただし，土量の変化率を $L = 1.25 = \dfrac{\text{ほぐした土量}}{\text{地山の土量}}$

$C = 0.80 = \dfrac{\text{締固めた土量}}{\text{地山の土量}}$ とする。

❶ 100㎥の地山土量をほぐして運搬する土量は 156㎥である。

❷ 100㎥の盛土に必要な地山の土量は 125㎥である。

❸ 100㎥の盛土に必要な運搬土量は 125㎥である。

❹ 100㎥の地山土量を掘削運搬して締め固めると 64㎥である。

解 説

❶**誤り。**地山土量からほぐした土量を求める問題ですので，ほぐした土量の変化率Lを使います。変化率Lの式に当てはめて計算すると，

　　L=ほぐした土量／地山土量

　　1.25=ほぐした土量／100　→ほぐした土量=100×1.25=125㎥となり，設問の156㎥と異なります。

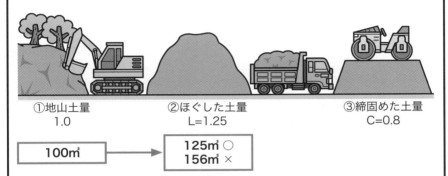

①地山土量　　　　　　②ほぐした土量　　　　　③締固めた土量
　1.0　　　　　　　　　L=1.25　　　　　　　　C=0.8

| 100㎥ | → | 125㎥ ○
156㎥ × |

❷**正しい。**盛土（締固めた土量）から地山土量を求める問題ですので，締固めた土量の変化率Cを使います。変化率Cの式に当てはめて計算すると，

　　C=締固めた土量／地山土量

　　0.8=100／地山土量　→地山土量=100÷0.8=125㎥となり，計算結果と合致します。したがって，❷は正しいです。

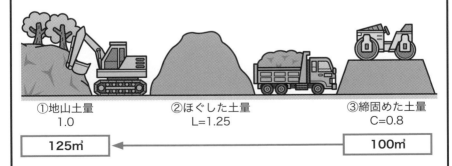

①地山土量　　　　　　②ほぐした土量　　　　　③締固めた土量
　1.0　　　　　　　　　L=1.25　　　　　　　　C=0.8

| 125㎥ | ← | 100㎥ |

❸**誤り。**盛土（締固めた土量）に必要な運搬土量（ほぐした土量）を求める問題ですので，はじめに計算①として，締固めた土量から地山土量を求めます。

そのため，ほぐした土量の変化率Cの式に当てはめて計算します。

　C=締固めた土量／地山土量

　0.8＝100／地山土量　→地山土量＝100÷0.8＝125m³となります。

　次に計算②として，求めた地山土量（125m³）からほぐした土量を求めます。

　L=ほぐした土量／地山土量

　1.25＝ほぐした土量／125　→ほぐした土量＝125×1.25＝156.25m³

となり，設問の125m³と異なります。

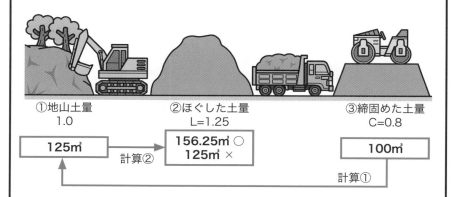

①地山土量　　　　②ほぐした土量　　　　③締固めた土量
1.0　　　　　　　L=1.25　　　　　　　　C=0.8

| 125m³ | →計算② | 156.25m³ ○ 125m³ × | | 100㎥ |

計算①

❹誤り。地山土量から締固めた土量を求める問題ですので，締固めた土量の変化率Cの式に当てはめて計算します。

　C=締固めた土量／地山土量

　0.8＝締固めた土量／100　→締固めた土量＝100×0.8＝80m³となり，設問の64m³と異なります。

①地山土量　　　　②ほぐした土量　　　　③締固めた土量
1.0　　　　　　　L=1.25　　　　　　　　C=0.8

| 100m³ | → | 80m³ ○ 64m³ × |

MEMO

『楽しく学べるマンガ基本テキスト』
➡土量の変化と変化率 p.35 ～

正解 2

土 工
切土法面

No.
6

道路の切土法面に関する次の記述のうち，**適当でないもの**はどれか。

❶ 法面のはく離が多いと推定される場合や小段の肩が侵食を受けやすい場合は，小段の横断勾配を逆勾配とし，小段に排水溝を設置する。

❷ 異なった地質や土質が含まれる場合は，それぞれの地質，土質に対応した安定勾配の平均値を採用し，単一法面とする。

❸ 切土法面の丁張りは，その設置位置が直線部の場合，標準設置間隔を10 mとする。

❹ 切土法面では，土質，岩質及び法面の規模に応じて，一般に，高さ5〜10 mごとに小段を設ける。

解 説

❶❸❹適当。設問のとおり，適当です。

❷不適当。切土法面の勾配は，地形や地質，土質の種類，法面の高さによって決められ，硬い地質の場合は急勾配に，土の場合は緩い勾配とします。異なった地質が含まれる場合は，それぞれの地質，土質に対応した安定勾配を採用し，その勾配の変換点には小段を設けます。したがって，❷が不適当です。

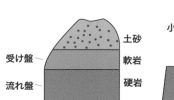

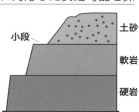

「法面勾配」

　法面勾配の表示は，高さを1としたときの水平の長さとの比で表します。切土の標準法面勾配を示す水平長さは，硬い地質の場合は小さくなり，やわらかい地質ほど大きくなります。

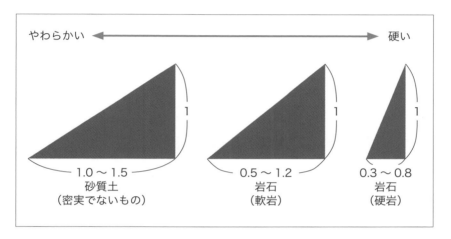

　法面の崩壊は災害につながりますので，やわらかい土質がある場合はその土質に応じた緩やかな勾配にする必要があります。

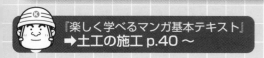

『楽しく学べるマンガ基本テキスト』
→土工の施工 p.40 〜

正解 2

土木一般

土工

19

土 工
盛土材料の性質

チェック‼ ☑ ☐ ☐ ☐ ☐

No.
7

　　　盛土に適した盛土材料の性質として次の記述のうち，**適当でないもの**はどれか。

❶ 粒度配合のよい礫質土や砂質土である。

❷ 締固め後の吸水による膨張が大きい。

❸ 敷均しや締固めが容易である。

❹ 締固め後のせん断強度が高く，圧縮性が小さい。

解 説

　　盛土材料の良否は完成後の盛土の安定性に影響するため，以下のようになるべく良質の材料を用いる必要があります。

◆盛土材料として好ましい土
① 施工が容易な土(敷均し，締固めなど)
② 締固めた後のせん断強度が大きい土
③ 圧縮性が少ない土
④ 雨水などの浸食に対して強く，給水による膨潤性の低い土
⑤ 施工機械のトラフィカビリティが確保できる土
⑥ 自然含水比が最適含水比付近の土

締固め後の吸水による膨張性が大きい土では，盛土全体が膨張して盛土強度が低下することが想定されるため，盛土材料は膨張性の低い土が適しています。したがって，❷が不適当です。

ポイント解説

「トラフィカビリティ」

●土木用語解説

トラフィカビリティ

施工機械の地盤上における走行性の良否の程度のことです。

施工機械の走行性がよく，締固めが容易にできてはじめて適切な盛土施工ができますので，盛土の施工では施工機械のトラフィカビリティが確保できる良質な土を使用することが大切です。「トラフィカビリティ」という用語を覚えましょう。

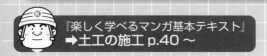

『楽しく学べるマンガ基本テキスト』
➡土工の施工 p.40 〜

正解 2

土 工

盛土の施工

チェック‼ ☑ ☐ ☐ ☐ ☐

No.
8
　盛土の施工に関する次の記述のうち，**適当でないもの**はどれか。

❶　盛土の基礎地盤は，あらかじめ盛土完成後に不同沈下等を生じるおそれがないか検討する。

❷　敷均し厚さは，盛土材料，施工法及び要求される締固め度等の条件に左右される。

❸　土の締固めでは，同じ土を同じ方法で締め固めても得られる土の密度は含水比により異なる。

❹　盛土工における構造物縁部の締固めは，大型の締固め機械により入念に締め固める。

解 説

❶❷❸**適当。**設問のとおり，適当です。

❹**不適当。**構造物縁部の締固めは，小型の締固め機械で入念に締め固めます。したがって，❹は不適当です。

空気

土粒子

「土の締固め」

●土木用語解説

「土の締固め」

　土の締固めとは，締固めにより外から圧力をかけて土中の空気を追い出し，体積を小さくして密度を高めることをいいます。

　盛土の締固めはできるだけ大型の締固め機械を使用し，構造物の縁部などは小型締固め機械で入念に締固め，土中の空気を追い出して土の密度を高めます。

『楽しく学べるマンガ基本テキスト』
➡土の締固め規定 p.27 ～

正解 **4**

土 工
盛土の締固め

チェック!! ☑ ☐ ☐ ☐ ☐

No.
9

盛土の締固めに関する次の記述のうち，**適当でないもの**はどれか。

❶ 建設機械のトラフィカビリティが得られない軟弱地盤上では，あらかじめ地盤改良などの対策を行い盛土する。

❷ 盛土の締固めは，土の構造物としての必要な強度特性を確保し，圧縮沈下量を極力小さくするために行う。

❸ 盛土構造物の安定は，基礎地盤の土質に関係なく，盛土材料を十分締固めを行うことによって得られるものである。

❹ 盛土の締固めの効果や性質は，土の種類，含水量，施工方法によって大きく変化するので，その状態を常に管理しながら締固めを行う。

解 説

❶❷❹**適当**。設問のとおり，適当です。
❸**不適当**。盛土構造物を構築する場合は，<u>基礎地盤が盛土荷重を支えるだけの地盤支持力が必要</u>です。したがって，❸が不適当です。

ポイント解説

「地盤改良」

●土木用語解説

「地盤改良」

　基礎地盤の支持力が不足する場合や，建設機械のトラフィカビリティが得られない軟弱地盤上においては，あらかじめ地盤改良により支持力の増加を図り，トラフィカビリティを確保する必要があります。地盤改良の主な工法には，下図のようにバーチカルドレーン工法などがあります。

盛　土

軟弱地盤

軟弱地盤上での盛土施工不可

バーチカルドレーン工法

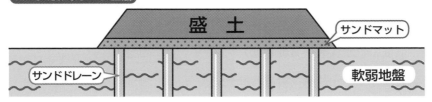

盛　土

サンドマット

サンドドレーン

軟弱地盤

　盛土構造物を計画する際は，サウンディング試験などによる土質調査を実施し，基礎地盤が盛土荷重に対して十分な支持力を確保できているかどうか，事前に確認する必要があります。

『楽しく学べるマンガ基本テキスト』
➡土工の施工 p.40 ～

正解 3

重要度

AA

出題年度
H26-05

コンクリート工

骨　材

チェック‼ ☑ ☐ ☐ ☐ ☐

No.
10

コンクリート骨材の性質は，含水の状態によって下図のように区分されるが，**コンクリートの配合の基本となる骨材の状態**を表しているものは次のうちどれか。

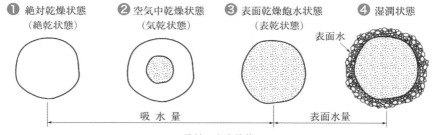

❶ 絶対乾燥状態
（絶乾状態）

❷ 空気中乾燥状態
（気乾状態）

❸ 表面乾燥飽水状態
（表乾状態）

❹ 湿潤状態
表面水

吸　水　量　　　　　　　　表面水量

骨材の含水状態

❶　絶対乾燥状態（絶乾状態）

❷　空気中乾燥状態（気乾状態）

❸　表面乾燥飽水状態（表乾状態）

❹　湿潤状態

解　説

　コンクリートの配合の基本となる骨材の含水状態は，表面乾燥飽水状態(表乾状態)です。表面乾燥飽水状態とは，骨材の表面に水分がなく，骨材粒の内部空隙がすべて水で満たされている状態をいいます。したがって，❸がコンクリートの配合の基本となる骨材の状態を表しています。

骨材の含水状態

絶対乾燥状態 （絶乾状態）	骨材粒の表面および内部空隙に水分が全くない状態。
空気中乾燥状態 （気乾状態）	骨材粒の内部空隙の一部にのみ水分がある状態。
表面乾燥飽水状態 （表乾状態）	骨材粒の内部空隙がすべて水で満たされているが，表面には水分（表面水）がない状態。
湿潤状態	骨材粒の内部の空隙がすべて水で満たされており，表面も水分（表面水）で覆われている状態。

ポイント解説

「コンクリート材料」
「表乾状態」

●土木用語解説

「コンクリート材料」「表乾状態」

　コンクリートの材料には，セメント・水・細骨材(砂)・粗骨材(砂利)，および混和材料(混和剤，混和材)が使われています。コンクリートは，セメントと水の化学反応(水和という)により硬化しますので，水の量により硬化後の品質に大きな影響を及ぼします。したがって，配合の基本となる骨材の状態は，骨材の内部空隙が水で満たされ，表面には水分がない表乾状態である必要があります。

●コンクリート材料

コンクリートに使用する骨材は，表乾状態にあるものを使用します。

『楽しく学べるマンガ基本テキスト』
→コンクリートの材料 p.49 〜

正解 ❸

コンクリート工

セメント

No.
11
コンクリート用セメントに関する次の記述のうち，**適当でな
いもの**はどれか。

❶ セメントの水和作用の現象である凝結は，一般に使用時の温度が高い
ほど遅くなる。

❷ セメントの密度は，化学成分によって変化し，風化すると，その値は
小さくなる。

❸ 粉末度とは，セメント粒子の細かさを示すもので，粉末度の高いもの
ほど水和作用が早くなる。

❹ 初期強度は，普通ポルトランドセメントの方が高炉セメントB種より
大きい。

解 説

❶**不適当。**セメントの水和作用の現象である凝結は，一般に使用時の温度が
高いほど早くなります。したがって，❶が不適当です。
❷❸❹**適当。**設問のとおり，適当です。

「水和」

●土木用語解説

「水和」

　コンクリート中のセメントと水が化学反応を起こしセメントペーストが硬化する現象を水和といいます。

　この水和作用の現象である凝結は，一般に使用時の温度，および外気温が高いほど早くなります。そのため，外気温に応じてコンクリートの練り混ぜ開始から打ち込み終了までの時間の限度が定められています。

**練り混ぜてから打ち終わるまでの
時間の標準**

| 外気温 | 練り混ぜてから
打ち終わるまでの時間 |
|---|---|
| 25℃を超える | **1.5 時間以内** |
| 25℃以下 | **2 時間以内** |

打ち込み 35℃以下
練り混ぜ後
1.5 時間以内

日平均気温が25℃以上の場合，セメント，骨材，水はできるだけ低温のものを用い，

打ち込みは
35℃以下でおこない，
地盤等が吸水する
おそれのある部分は
十分ぬらしておきます

練り混ぜ後，
1.5時間以内に打ち込みます

　コンクリートは気温が高いと早く凝結してしまいますので，特に夏場のコンクリート打設に際しては注意が必要です。

『楽しく学べるマンガ基本テキスト』
➡特別な配慮を必要とするコンクリート p.77 〜

正解 **1**

コンクリート工
コンクリートの性質
（フレッシュコンクリート）

チェック‼ ☑ ☐ ☐ ☐ ☐

No.
12

フレッシュコンクリートに関する次の記述のうち，**適当でな**いものはどれか。

❶ コンシステンシーとは，変形又は流動に対する抵抗性である。

❷ レイタンスとは，コンクリート表面に水とともに浮かび上がって沈殿する物質である。

❸ 材料分離抵抗性とは，コンクリート中の材料が分離することに対する抵抗性である。

❹ ブリーディングとは，運搬から仕上げまでの一連の作業のしやすさである。

解 説

❶❷❸**適当。**設問のとおり，適当です。

❹**不適当。**レイタンスとは，コンクリート打込み後，コンクリート表面に浮かび出て沈殿する物質のことです。したがって，❹が不適当です。

なお，設問文の「運搬から仕上げまでの一連の作業のしやすさ」とは，**ワーカビリティー**です。

「ブリーディング」「レイタンス」

●土木用語解説

「ブリーディング」「レイタンス」

❹ **ブリーディング**とは，コンクリート打設中の締固めによって水が上昇する現象のことをいいます。発生したブリーディング水はひしゃくやスポンジで除去します。

ブリーディング現象

レイタンス

骨材

水の上昇

❷ **レイタンス**とは，ブリーディングに伴って内部の微細な粒子がコンクリートの表面に浮上し，沈殿したものをいいます。レイタンスが残った状態で次のコンクリートを打ち継ぐと，コンクリート同士の付着性が阻害され，ひび割れの原因となるため，金ブラシやハイウォッシャーで除去します。

余分な水
（ブリーディング水）

●ブリーディング水除去状況

●レイタンス処理状況

　この設問にあるカタカナ表記のキーワードは出題頻度が高いコンクリートエの専門用語です。**ブリーディング**と**レイタンス**は，絵をイメージして理解するようにしましょう。

『楽しく学べるマンガ基本テキスト』
➡コンクリートの材料 p.49 〜

正解 **4**

コンクリート工

コンクリートの配合

チェック‼ ☑ ☐ ☐ ☐ ☐

No.
13
コンクリートの配合に関する次の記述のうち，**適当でないも**のはどれか。

❶ コンクリートの単位水量の上限は，コンクリート標準示方書では175kg/㎥が標準である。

❷ コンクリートの配合強度は，設計基準強度及び現場におけるコンクリートの品質のバラツキを考慮して決める。

❸ コンクリートのスランプは，運搬，打込み，締固め作業に適する範囲内で，できるだけ大きくなるように設定する。

❹ 水セメント比は，コンクリートに求められる所要の強度，耐久性，水密性などから定まる水セメント比のうちで最小の値を設定する。

解　説

❶❷❹**適当。**設問のとおり，適当です。

❸**不適当。** スランプ(値)が大きいと作業性(ワーカビリティー)は良くなりますが，一方で材料分離が発生しやすくなります。そのため，スランプ値は運搬，打込み，締固め作業に適する範囲内で，**できるだけ小さくなるように設定します。** したがって，❸が不適当です。

「スランプ値」

●土木用語解説

「スランプ値」

　高さ30cmのスランプコーンにフレッシュコンクリートを投入し，スランプコーンをゆっくりと引き上げた時のコンクリートの沈下量を計測します。この時の沈下量をスランプ値といい，フレッシュコンクリートの水量の多少による軟らかさの程度を表します。

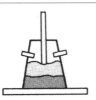
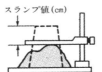

①各材料を計量し混合する。

②スランプコーンにコンクリートを3層に分けて投入し，各層ごとに突き棒で25回突き固める。

③スランプコーンを抜き取り，自由に変形させ，コンクリートの沈下量を読みスランプ値を求める。

④突き棒でコンクリートを軽くたたいて，コンクリートのねばりを調べる。

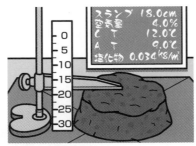

●スランプ試験

　スランプ値は，コンクリートの打設箇所によって運搬・打込み・締固め作業に適する範囲内で，できるだけ小さくなるように設定します。

『楽しく学べるマンガ基本テキスト』
→コンクリートの材料 p.49 ～
　コンクリートの配合 p.57 ～

正解 3

コンクリート工

施工（運搬・打込み）

No.
14
　コンクリートの運搬・打込みに関する次の記述のうち，**適当でないもの**はどれか。

❶ コンクリート打込み中に硬化が進行した場合は，均質なコンクリートにあらためて練り直してから使用する。

❷ 高所からのコンクリートの打込みは，原則として縦シュートとするが，やむを得ず斜めシュートを使う場合には材料分離を起こさないよう使用する。

❸ コンクリートを直接地面に打ち込む場合には，あらかじめ均しコンクリートを敷いておく。

❹ 現場内においてコンクリートをバケットを用いてクレーンで運搬する方法は，コンクリートに振動を与えることが少ない。

解　説

❶**不適当。**コンクリート打込み中に硬化が進行した場合は，既に中和反応が進行しているため再度練り混ぜても均質なコンクリートになりません。したがって，❶が不適当です。

❷❸❹**適当。**設問のとおり，適当です。

「練り直し」「練り返し」

●土木用語解説

「練り直し」「練り返し」

　まだ硬化していないコンクリートを再び練り混ぜる作業を**練り直し**といいます。練り混ぜてからある程度時間がたったコンクリートは，水分が浮き上がるなどの材料分離を起こしているため，コンクリートの**練り直し**は密実なコンクリートを施工するために必要な作業です。

　一方，少しでも硬化が進行したコンクリートを再び練り混ぜる作業のことを**練り返し**といいます。**練り返し**たコンクリートは既に一部のコンクリートが硬化しており，全体が均質なコンクリートにならないため使用してはいけません。

練り直しは使用可

練り返しは使用不可

コンクリートの練り直しと練り返しは対比して覚えるようにしましょう。

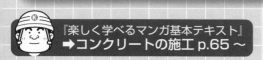

『楽しく学べるマンガ基本テキスト』
➡コンクリートの施工 p.65 〜

正解 **1**

コンクリート工
施工（打込み・締固め）

チェック!! ☑ ☐ ☐ ☐ ☐

No. 15 コンクリートの施工に関する次の記述のうち，**適当でないも**のはどれか。

❶ コンクリートの打込みにあたっては，できるだけ材料が分離しないようにし，鉄筋と十分に付着させ型枠の隅々まで充てんさせる。

❷ コンクリートの打込みにあたっては，型枠やせき板が硬化したコンクリート表面からはがれやすくするため，はく離剤を塗布する。

❸ 高所からのコンクリートの打込みは，原則として斜めシュートとし，やむを得ない場合は縦シュートとする。

❹ コンクリートの締固めは，打ち込まれたコンクリートからコンクリート中の空隙をなくして，密度の大きなコンクリートをつくるために行う。

解 説

❶❷❹**適当。**設問のとおり，適当です。
❸**不適当。**高所からのコンクリートの打込みは，原則として縦シュートとし，やむを得ない場合は斜めシュートとします。したがって，❸が不適当です。

「縦シュート」
「斜めシュート」

●土木用語解説

「縦シュート」「斜めシュート」

　高所からコンクリートを打ち込む場合は，できるだけ材料が分離しないように原則として縦シュートを用い，1.5m以上の高さから落下させて打ち込んではなりません。またやむを得ず斜めシュートを用いる場合は，シュートの傾きに注意し，吐出口にはバッフルプレートおよび漏斗管を設けます。

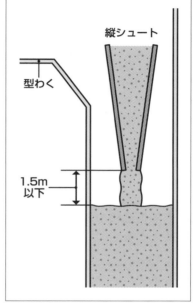

●縦シュート

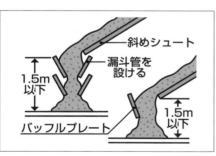

●斜めシュート

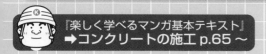

『楽しく学べるマンガ基本テキスト』
➡コンクリートの施工 p.65 〜

正解 **3**

コンクリート工
施工（打込み・締固め）

チェック‼ ☑ ☐ ☐ ☐ ☐

No.
16
　　コンクリートの施工に関する次の記述のうち，**適当でないも**のはどれか。

❶　内部振動機で締固めを行う際の挿入時間の標準は，5 〜 15 秒程度である。

❷　コンクリートを 2 層以上に分けて打ち込む場合は，気温が 25℃を超えるときの許容打重ね時間間隔は 2 時間以内とする。

❸　内部振動機で締固めを行う際は，下層のコンクリート中に 10cm 程度挿入する。

❹　コンクリートを打ち込む際は，1 層当たりの打込み高さを 80cm 以下とする。

解　説

❶❷❸**適当。**設問のとおり，適当です。

❹**不適当。**コンクリートを打ち込む際は，コンクリート表面がほぼ水平になるように打ち，1 層あたりの打ち込み高さは<u>40 〜 50cm以下</u>とします。したがって，❹が不適当です。

ポイント解説

「内部振動機①」

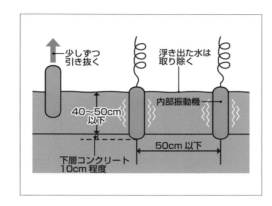

少しずつ
引き抜く

浮き出た水は
取り除く

内部振動機

40～50cm
以下

50cm 以下

下層コンクリート
10cm 程度

内部振動機の長さは60～80cm程度あることから，コンクリート1層あたりの打ち込み高さを40～50cm程度にすることにより，下層コンクリートに10cm程度挿入できるため，上下層のコンクリートを一体的に締め固めることができます。

『楽しく学べるマンガ基本テキスト』
➡コンクリートの施工 p.65 ～

正解 **4**

土木一般

コンクリート工

コンクリート工

施工（締固め）

チェック !! ☑ ☐ ☐ ☐ ☐

No.
17
　　　内部振動機を用いたコンクリートの締固めに関する次の記述のうち，**適当でないもの**はどれか。

❶　内部振動機は，なるべく鉛直に一様な間隔で差し込む。

❷　コンクリートを型枠の隅まで充てんするために横移動を目的として使用する。

❸　締固めが十分である証拠の1つは，コンクリート表面に光沢が現れてコンクリート全体が均一に溶けあったように見える。

❹　内部振動機の挿入間隔は，一般に 50cm 以下にする。

解 説

❶❸❹**適当**。設問のとおり，適当です。

❷**不適当**。内部振動機を用いてコンクリートを横移動（横送り）すると，材料分離を起こす恐れがあるので行ってはなりません。したがって，❷が不適当です。

ポイント解説

「内部振動機②」

コンクリートの締固めに用いる内部振動機の取り扱い上の注意点は以下のとおりです。

・コンクリート中に鉛直に差し込み，下層コンクリート中に10㎝程度挿入する。

・挿入間隔は振動の有効半径（最大60㎝程度）以下とする。

・内部振動機の引き抜きは，後に穴が残らないようにゆっくり行う。

・内部振動機を斜めに使用したり，**横送りのために使用することは不可**とする。

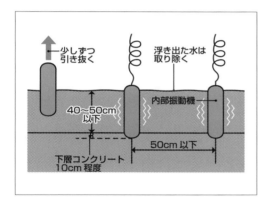

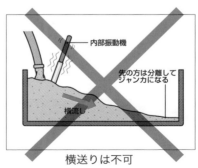

横送りは不可

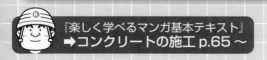

『楽しく学べるマンガ基本テキスト』
➡コンクリートの施工 p.65～

正解 **2**

コンクリート工

施工(養生)

No. 18 コンクリートの養生に関する次の記述のうち，**適当でないも**
のはどれか。

❶ コンクリートの露出面は，表面を荒らさないで作業ができる程度に硬
化した後に養生用マットで覆うか，又は散水等を行い湿潤状態に保つ。

❷ コンクリート打込み後，セメントの水和反応を促進するために，風な
どにより表面の水分を蒸発させる。

❸ コンクリートは，十分に硬化が進むまで急激な温度変化等を防ぐ。

❹ コンクリートは，十分に硬化が進むまで衝撃や余分な荷重を加えない。

解 説

❶❸❹**適当。**設問のとおり，適当です。

❷**不適当。**コンクリート打込み後の一定期間は，適度な温度の下で十分な湿
潤状態に保ち，風などにより表面の水分が蒸発しないように養生する必要
があります。したがって，❷が不適当です。

「コンクリートの養生」

●土木用語解説

「コンクリートの養生」

　コンクリート打込み後の一定期間，適度な温度の下で十分な湿潤状態に保つ作業を養生といいます。

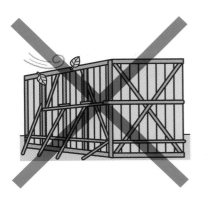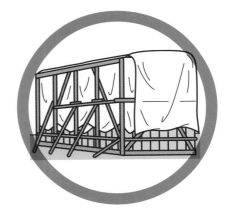

　養生は打ち終わったコンクリートの水和反応が十分に発揮されるようにするために行うもので，風などによる乾燥ひびわれを生じないようにするために，むしろ・布等で保護し，湿潤状態を保ちます。

『楽しく学べるマンガ基本テキスト』
➡コンクリートの施工 p.65 〜

正解 2

コンクリート工

レディーミクスト
コンクリートの施工

No.
19

レディーミクストコンクリートの施工に関する次の記述のうち，**適当でないもの**はどれか。

❶　レディーミクストコンクリートを注文する場合は，コンクリートの種類，呼び強度，スランプ，粗骨材の最大寸法などを組み合わせたものから選ぶ。

❷　コンクリートを練り混ぜてから打ち終わるまでの時間は，原則として気温が 25℃を超えるときは 1.5 時間を超えないようにする。

❸　型枠やせき板には，はく離剤を塗布し硬化したコンクリート表面からはがれ易くする。

❹　現場内での運搬方法には，バケット，ベルトコンベア，コンクリートポンプ車などによる方法があるが，材料の分離が少ないベルトコンベアによる方法が最も望ましい。

解 説

❶❷❸**適当。**設問のとおり，適当です。

❹**不適当。**現場内におけるコンクリート運搬方法のうち，ベルトコンベアによる方法は，運搬中にコンクリート表面からの水分の蒸発や材料分離を起こしやすくなるため特別な処置が必要となります。そのため，ベルトコンベアによる方法は，一般的にコンクリートの運搬には適さない方法です。したがって，❹が不適当です。

「コンクリートの運搬方法」

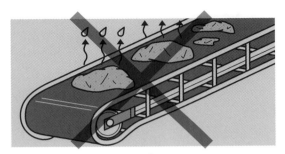

●ベルトコンベアによる運搬

●バケットによる運搬

　バケットによる運搬は振動が少なく，ミキサーから吐き出されるコンクリートをバケットに受けてクレーンなどで打ち込み場所まで直接運搬できるため，コンクリートの材料分離が少ない最も望ましい方法です。

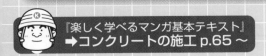

『楽しく学べるマンガ基本テキスト』
➡コンクリートの施工 p.65 ～

正解 **4**

重要度
AA

出題年度
H27-59

コンクリート工
レディーミクスト コンクリート (JIS A 5308)

チェック‼ ☑ ☐ ☐ ☐ ☐

No. 20　レディーミクストコンクリート（JIS A 5308）の品質管理に関する次の記述のうち，**適当でないもの**はどれか。

❶　品質管理の項目は，強度，スランプ又はスランプフロー，空気量，塩化物含有量の4つの項目である。

❷　圧縮強度は，3回の試験結果の平均値は購入者の指定した呼び強度の強度値以上である。

❸　圧縮強度試験は，一般に材齢28日で行うが，購入者の指定した材齢で行うこともある。

❹　圧縮強度は，1回の試験結果は購入者の指定した呼び強度の強度値の75%以上である。

解　説

❶❷❸**適当。**設問のとおり，適当です。

❹**不適当。**レディーミクストコンクリート（JIS A 5308）の圧縮強度については，以下の2つの条件を同時に満足しなければなりません。

①1回の試験結果は，購入者が指定した呼び強度の強度値の**85%以上**でなければならない。

②3回の試験結果の平均値は，購入者が指定した呼び強度の強度値以上でなければならない。

したがって，❹が不適当です。

「圧縮強度試験」

●土木用語解説

「圧縮強度試験」

　コンクリートの圧縮強度試験に用いる供試体は，１バッチから３個採取し，材齢28日を基準として圧縮試験機により破壊応力を測定します。圧縮強度試験の手順は以下のとおりです。

現場からコンクリートを採取し、モールドでコンクリートを入れ突き棒で詰める

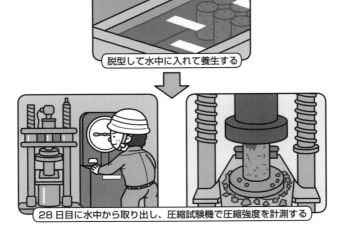

脱型して水中に入れて養生する

28日目に水中から取り出し、圧縮試験機で圧縮強度を計測する

『楽しく学べるマンガ基本テキスト』
➡レディーミクストコンクリート p.72～

正解 **4**

重要度
AAA

出題年度
H30-59

コンクリート工
レディーミクスト コンクリート (JIS A 5308)

チェック!! ☑ ☐ ☐ ☐ ☐

No.
21

レディーミクストコンクリート(JIS A 5308, 普通コンクリート, 呼び強度21) を購入し, 各工区ごとの圧縮強度の試験結果が下表のように得られたとき, 受入検査が**合格している工区**は, 次のうちどれか。

(N/m㎡)

工区	1回目	2回目	3回目	平均値
A工区	19	20	21	20
B工区	25	19	16	20
C工区	20	22	21	21
D工区	23	27	16	22

❶ A工区

❷ B工区

❸ C工区

❹ D工区

解　説

　この設問における呼び強度は21N/㎟であることから，条件①②の強度を計算すると以下のようになります。

①　1回の試験結果は…………………21×0.85＝17.85 N/㎟以上
②　3回の試験結果の平均値は………21 N/㎟以上

　次に，設問の表に記載されている強度について，①と②のそれぞれの条件を当てはめて個別に判定すると以下のようになります。

(N/㎟)

工区	1回目	2回目	3回目	平均値
A工区	19 〇	20 〇	21 〇	20 ×
B工区	25 〇	19 〇	16 ×	20 ×
C工区	20 〇	22 〇	21 〇	21 〇
D工区	23 〇	27 〇	16 ×	22 〇

①17.85N/㎟以上　　②21N/㎟以上

　このように，①と②の2つの条件を同時に満足するのはC工区であることがわかります。

　したがって，❸が合格しています。

『楽しく学べるマンガ基本テキスト』
➡レディーミクストコンクリート p.72 〜

正解 **3**

コンクリート工
レディーミクストコンクリート（JIS A 5308）

チェック‼ ☑ ☐ ☐ ☐ ☐

No.
22

　　レディーミクストコンクリート（JIS A 5308, 普通コンクリート，呼び強度24）を購入し，各工区の圧縮強度の試験結果が下表のように得られたとき，受入れ検査結果の合否判定の組合せとして，**適当なもの**は次のうちどれか。

単位 (N/㎟)

試験回数 ＼ 工区	A工区	B工区	C工区
1回目	21	33	24
2回目	26	20	23
3回目	28	20	25
平均値	25	24.3	24

※毎回の圧縮強度値は3個の供試体の平均値

	［A工区］	［B工区］	［C工区］
❶	不合格 …………	合　格 …………	合　格
❷	不合格 …………	合　格 …………	不合格
❸	合　格 …………	不合格 …………	不合格
❹	合　格 …………	不合格 …………	合　格

解　説

　この設問における呼び強度は24N/㎟であることから，条件①②の強度を計算すると以下のようになります。

　　① 1回の試験結果は………………24×0.85＝**20.4N/㎟以上**

　　② 3回の試験結果の平均値は………**24 N/㎟以上**

　次に，設問の表に記載されている強度について，①と②のそれぞれの条件を当てはめて個別に判定すると以下のようになります。

単位（N/㎟）

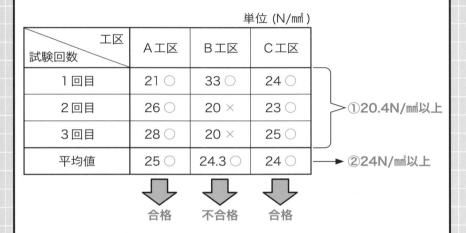

試験回数 ＼ 工区	A工区	B工区	C工区	
1回目	21 ○	33 ○	24 ○	
2回目	26 ○	20 ×	23 ○	①20.4N/㎟以上
3回目	28 ○	20 ×	25 ○	
平均値	25 ○	24.3 ○	24 ○	②24N/㎟以上

A工区	B工区	C工区
合格	不合格	合格

　このように，①と②の2つの条件を同時に満足するA工区とC工区が合格，B工区が不合格であることがわかります。したがって，**❹**が適当です。

『楽しく学べるマンガ基本テキスト』
➡レディーミクストコンクリート p.72 ～

正解 **4**

重要度
AAA

出題年度
H21-07

コンクリート工
スランプ試験

チェック‼ ✓ ☐ ☐ ☐ ☐

No. 23

　下図に示すコンクリートのスランプ試験（JIS A 1101）のスランプ値を示しているものは，下図のA～Dのうちどれか。

スランプコーンを引き上げる時間は，高さ30cmで2～3秒とする。

10 cm　スランプコーン

30cm

20cm

変形したコンクリート

C

A

B

D

❶　A

❷　B

❸　C

❹　D

解 説

　スランプ試験は，①高さ30cmのスランプコーンに，②フレッシュコンクリートを3回に分けて投入し，各層ごとに突棒で25回突き固めます。③スランプコーンをゆっくりと引き上げて自由に変形させ，コンクリートの沈下量を計測します。この時の沈下量をスランプ値といい，フレッシュコンクリートの水量の多少による軟らかさの程度を表します。したがって，❶のAがスランプ値を示しています。

「スランプ値」

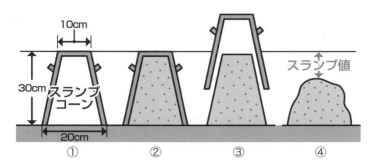

10cm

30cm スランプコーン

スランプ値

20cm

① ② ③ ④

①

②

③

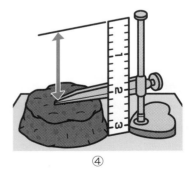

④

スランプ値は，スランプ試験におけるコンクリートの沈下量をいいます。

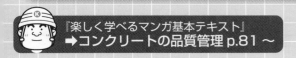

『楽しく学べるマンガ基本テキスト』
➡コンクリートの品質管理 p.81 ～

正解 **1**

土木一般

コンクリート工

基礎工

直接基礎

チェック‼ ☑ ☐ ☐ ☐ ☐

No.
24
　　直接基礎の基礎地盤面の施工に関する次の記述のうち，**適当でないもの**はどれか。

❶　基礎地盤が砂層の場合は，基礎地盤面に凹凸がないよう平らに整地し，その上に割ぐり石や砕石を敷き均す。

❷　岩盤の基礎地盤を削り過ぎた部分は，基礎地盤面まで掘削した岩くずで埋め戻す。

❸　岩盤の掘削が基礎地盤面に近づいたときは，手持ち式ブレーカなどで整形し，所定の形状に仕上げる。

❹　基礎地盤が砂層の場合で作業が完了した後は，湧水・雨水などにより基礎地盤面が乱されないように，割ぐり石や砕石を敷並べる基礎作業を素早く行う。

解 説

❶❸❹**適当。**設問のとおり，適当です。

❷**不適当。**岩盤の基礎地盤を削り過ぎた場合，削り過ぎた部分を掘削した岩くずで埋め戻すと，岩くずの部分と岩盤部分では支持力が異なるため，岩盤と同等の抵抗力が期待できなくなります。そのため，削り過ぎた部分については岩盤面を十分に洗浄し，基礎地盤面まで均しコンクリートを打ち込み，さらにモルタルを打設して平坦に仕上げる必要があります。したがって，❷が不適当です。

ポイント解説

「岩盤の基礎地盤」

支持地盤が岩盤の場合，部分的に削り過ぎてしまうことがあるね

こんなときは岩盤面を十分洗浄し

削り過ぎた部分には均しコンクリートを打ち込み，さらにモルタルを打設して，できるだけ平坦に仕上げることが必要だね

モルタル　　均しコンクリート

岩盤の基礎工

　岩盤の基礎地盤を削り過ぎた場合は，岩盤面を十分に洗浄し，均しコンクリートとモルタルを打設して平坦に仕上げます。

『楽しく学べるマンガ基本テキスト』
➡ 基礎工の特徴と直接基礎 p.85 ～

正解 **2**

重要度

AA

出題年度
H27-09

基礎工

既製杭の施工

チェック!! ☑ ☐ ☐ ☐ ☐

No.
25
　　既製杭の施工に関する次の記述のうち，**適当でないもの**はどれか。

❶　打込み杭工法で一群の杭を打つときは，周辺部の杭から中心部の杭へと，順に打ち込むものとする。

❷　打込み杭工法で1本の杭を打ち込むときは，連続して行うことを原則とする。

❸　中掘り杭工法は，過大な先掘りを行ってはならない。

❹　中掘り杭工法は，打込み杭工法に比べ支持力が小さい。

解　説

❶**不適当**。打込み杭工法で一群の杭を打つときは，周辺部の杭から中心に向かって杭を打ち込むと，杭の打込みにより地盤が締まっていき，中心部分の杭の打込みに支障が生じてしまいます。そのため，杭群の中心部分から周辺に向かって打ち込むか，杭群の一方の隅から他方の隅へ向かって打ち込むことが望ましいです。したがって，❶が不適当です。
❷❸❹**適当**。設問のとおり，適当です。

「打込み杭の施工順序」

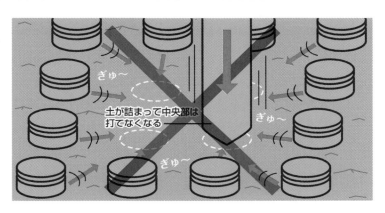

土が詰まって中央部は
打てなくなる

ぎゅ～

先に中央を打つと
周辺部は打ち込める

　　打込み杭の施工順序は，杭群の中心部分から周辺に向かって打ち込むか，一方の隅から他方の隅へ向かって打ち込みます。

『楽しく学べるマンガ基本テキスト』
➡くい基礎・既製ぐいの施工法 p.92 ～

正解 1

基礎工

既製杭の施工

チェック!! ☑ ☐ ☐ ☐ ☐

No.
26

既製杭の打込み杭工法に関する次の記述のうち，**適当でない**ものはどれか。

❶ 杭は打込み途中で一時休止すると，時間の経過とともに地盤が緩み，打込みが容易になる。

❷ 一群の杭を打つときは，中心部の杭から周辺部の杭へと順に打ち込む。

❸ 打込み杭工法は，中掘り杭工法に比べて一般に施工時の騒音・振動が大きい。

❹ 打込み杭工法は，プレボーリング杭工法に比べて杭の支持力が大きい。

解 説

❶**不適当**。杭の打込みを途中で一時休止すると，時間の経過とともに杭の周面摩擦力が増大し再開後に打込みできなくなることがあるため，原則として杭の1本の打込みは休止せずに連続して行う必要があります。したがって，❶が不適当です。

❷❸❹**適当**。設問のとおり，適当です。

「打込み杭の施工」

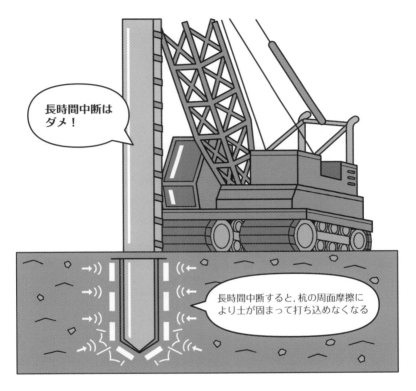

長時間中断はダメ！

長時間中断すると，杭の周面摩擦により土が固まって打ち込めなくなる

打込み杭の施工は，打込み中は途中で休止せずに連続して打ち込みます。

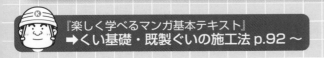

『楽しく学べるマンガ基本テキスト』
➡くい基礎・既製ぐいの施工法 p.92 〜

正解 **1**

重要度

AA

出題年度
H27-10

基礎工
場所打ち杭の工法

チェック‼ ☑ ☐ ☐ ☐ ☐

No.
27

場所打ち杭の工法と掘削方法との次の組合せのうち，**適当でないもの**はどれか。

［工 法］	［掘 削 方 法］
❶ リバースサーキュレーション工法	掘削する杭穴に水を満たし，掘削土とともにドリルパイプを通して孔外の水槽に吸い上げ，水を再び杭穴に循環させて連続的に掘削する。
❷ オールケーシング工法	ケーシングチューブを土中に挿入し，ケーシングチューブ内の土をハンマーグラブを用いて掘削する。
❸ アースドリル工法	アースドリルで掘削を行い，地表面からある程度の深さに達したらケーシングを挿入し，地山の崩壊を防ぎながら掘削する。
❹ 深礎工法	ケーソンを所定の位置に鉛直に据え付け，内部の土砂をグラブバケットで掘削する。

解 説

❶❷❸**適当。**設問のとおり，適当です。

❹**不適当。**深礎工法は，掘削孔壁を山留め材で防護しながら人力掘削で順次掘削する工法です。したがって，❹が不適当です。なお，設問はオープンケーソンの掘削方法です。

「場所打ち杭」

●土木用語解説

「場所打ち杭」

　場所打ち杭は，施工箇所に支持層まで掘削して穴をあけ，そこに鉄筋かごを挿入してコンクリートを打設する工法です。場所打ち杭

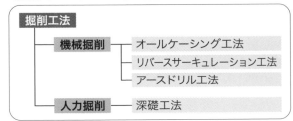

場所打ちコンクリート杭の掘削方法の種類

掘削工法
- 機械掘削 ── オールケーシング工法
　　　　　── リバースサーキュレーション工法
　　　　　── アースドリル工法
- 人力掘削 ── 深礎工法

の掘削方法には，機械掘削による**オールケーシング工法**，**リバースサーキュレーション工法**，**アースドリル工法**と，人力掘削による**深礎工法**があります。

　場所打ち杭ではこの4つの掘削工法がよく出題されますので，まずは機械掘削と人力掘削に分けて覚えるようにしましょう。

深礎工法

　深礎工法は人力掘削のため特別な機械が不要で，狭い場所や傾斜地での施工に適しています。また支持地盤を直接観察できるため，地盤支持力の確認が容易です。

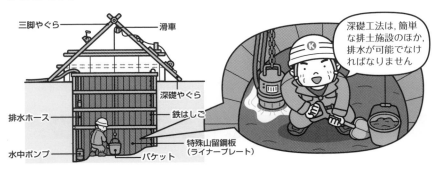

三脚やぐら　　滑車

深礎やぐら

排水ホース　　　鉄はしご

水中ポンプ　　　バケット

特殊山留鋼板（ライナープレート）

深礎工法は，簡単な排土施設のほか，排水が可能でなければなりません

　深礎工法は，場所打ち杭工法のうち人力掘削の工法です。

『楽しく学べるマンガ基本テキスト』
→場所打ちぐいの施工法 p.99 〜

正解 4

チェック‼ ☑ ☐ ☐ ☐ ☐

No.
28
　　場所打ち杭の工法と杭の孔壁の保護方法との組合せとして，次のうち**適当でないもの**はどれか。

　　　　[工　法]　　　　　　　　　　　　[杭の孔壁の保護方法]

❶　リバースサーキュレーション工法　…　泥水

❷　深礎工法　……………………………　山留め材（ライナープレート）

❸　オールケーシング工法　………………　ケーシングチューブ

❹　アースドリル工法　……………………　セメントミルク

解　説

❶❷❸**適当。**設問のとおり，適当です。

❹**不適当。**アースドリル工法は回転バケットにより掘削・排土を行い，孔壁防護を必要とするときは人工泥水（ベントナイト溶液）を使用します。したがって，❹が不適当です。

「場所打ち杭の工法」

アースドリル工法

　回転バケットにより掘削して排土を行い，孔壁防護を必要とするときは人工泥水（ベントナイト溶液）を使用します。

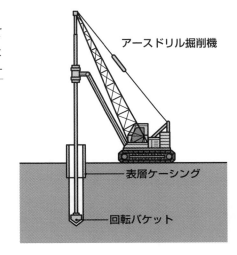

アースドリル掘削機

表層ケーシング

回転バケット

掘削方法…………回転バケット
孔壁防護方法……人工泥水（ベントナイト溶液）

オールケーシング工法

　ケーシングチューブを揺動・回転・圧入し，孔壁を防護しながらハンマグラブバケットにより掘削・排土を行います。

オールケーシング揺動式機

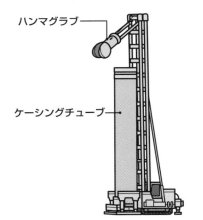

ハンマグラブ

ケーシングチューブ

掘削方法…………ハンマグラブバケット
孔壁防護方法……ケーシングチューブ

リバースサーキュレーション工法

　回転ビットにより掘削し，水を満たして静水圧により孔壁防護を行いながら土砂を含んだ泥水を水中ポンプで汲み上げ，地上のタンクに土砂を沈殿させて排土を行います。

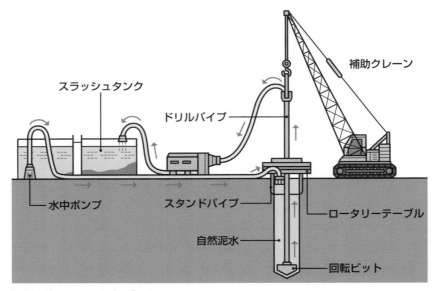

スラッシュタンク
ドリルパイプ
補助クレーン
水中ポンプ
スタンドパイプ
ロータリーテーブル
自然泥水
回転ビット

掘削方法…………回転ビット
孔壁防護方法……静水圧

　機械掘削による3つの場所打ち杭工法は，掘削方法と孔壁防護方法がそれぞれ異なりますので，その違いについて対比して覚えるようにしましょう。

MEMO

『楽しく学べるマンガ基本テキスト』
➡場所打ちぐいの施工法 p.99 〜

正解 4

重要度

AA

出題年度
R3-11

基礎工

土留め工法

チェック‼ ✓ ☐ ☐ ☐ ☐

No.
29

　下図に示す土留め工の (イ) , (ロ) の部材名称に関する次の組合せのうち，**適当なもの**はどれか。

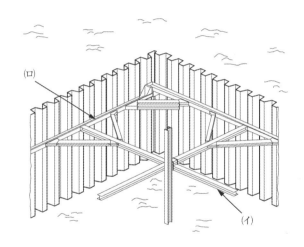

（イ）　　　　　　　　　（ロ）

❶　腹起し………………… 中間杭

❷　腹起し………………… 火打ちばり

❸　切ばり………………… 腹起し

❹　切ばり………………… 火打ちばり

解　説

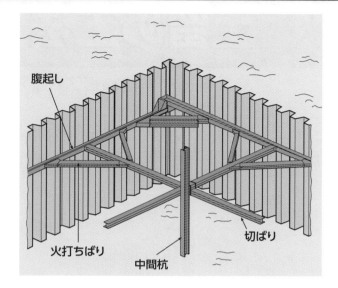

腹起し

火打ちばり

中間杭

切ばり

　構造物の基礎構造の施工に必要な深さまで掘り下げる際に，周囲の土砂の崩壊を防ぐために施工する壁面を**土留め工**といいます。切ばりで土留め工を支える方式の場合，土留め工の前面に**腹起し**を設置して水平方向に固定し，腹起しの位置に**切ばり**を設置して土留め工を支えます。また切ばりと腹起しの交点部分には**火打ちばり**を，切ばり同士が交差する部分には**中間杭**を設置し，土留め工全体を補強します。

　したがって，（イ）は切ばり，（ロ）は腹起しであるため，**❸**が適当です。

『楽しく学べるマンガ基本テキスト』
➡土止め工 p.113～

正解 **❸**

土木一般

基礎工

重要度
AA

出題年度
R2-11

基礎工
土留め工法

チェック‼ ✓ ☐ ☐ ☐ ☐

No.
30

下図に示す土留め工の (イ) , (ロ) の部材名称に関する次の組合せのうち，**適当なもの**はどれか。

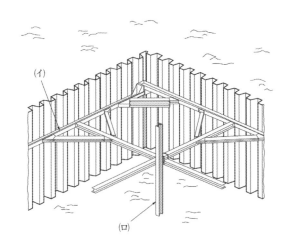

	（イ）	（ロ）
❶	腹起し……………………	中間杭
❷	腹起し……………………	火打ちばり
❸	切ばり……………………	中間杭
❹	切ばり……………………	火打ちばり

解 説

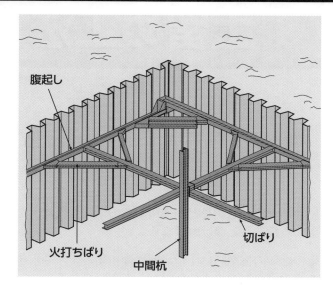

腹起し

火打ちばり　　　中間杭　　　切ばり

　構造物の基礎構造の施工に必要な深さまで掘り下げる際に，周囲の土砂の崩壊を防ぐために施工する壁面を**土留め工**といいます。切ばりで土留め工を支える方式の場合，土留め工の前面に**腹起し**を設置して水平方向に固定し，腹起しの位置に**切ばり**を設置して土留め工を支えます。また切ばりと腹起しの交点部分には**火打ちばり**を，切ばり同士が交差する部分には**中間杭**を設置し，土留め工全体を補強します。

　（イ）は腹起し，（ロ）は中間杭であるため，❶が適当です。

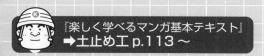

『楽しく学べるマンガ基本テキスト』
➡土止め工 p.113 〜

正解 ❶

基礎工

土留め工法

No.
31
掘削時の土留め仮設工に関する次の記述のうち，**適当でない**ものはどれか。

❶ 土留め壁は，土圧や水圧などが作用するので鋼矢板などを用いてこれらを十分支える構造としなければならない。

❷ 切ばりは，地盤の掘削時に土留め壁に作用する土圧や水圧などの外力を支えるための水平方向の支持部材として用いられる。

❸ 土留めアンカーは，切ばりによる土留めが困難な場合や掘削断面の空間を確保する必要がある場合に用いる。

❹ 親杭横矢板土留め工法に用いる土留め板は，土圧を親杭に伝えるとともに止水を目的とするものである。

解　説

❶❷❸**適当。**設問のとおり，適当です。

❹**不適当。**親杭横矢板土留め工法は，H鋼を1.5 〜 2.0m間隔に打ち込み，掘削と同時にH鋼の間に木製の横矢板をはめ込んで土留めする工法で，横矢板の上下間とH鋼との間には隙間があるため止水性はありません。そのため，止水を目的とする場所には適さない土留め工法です。したがって，❹が不適当です。

「親杭横矢板工法」
「鋼矢板工法」

●親杭横矢板工法

　親杭横矢板工法は, 施工が容易で工事費は比較的安い工法ですが, 止水性が
ありません。一方, 止水性がある土留め工法としては鋼矢板工法（シートパイ
ル）がありますので, 対比して覚えるようにしましょう。

鋼矢板工法（シートパイル）

　鋼矢板の継手部をかみ合わせて地中に連続して土留め壁を構築する工法で,
止水性があるため, 水密性を必要とする場合に適しています。

『楽しく学べるマンガ基本テキスト』
➡土止め工 p.113 〜

正解 **4**

専門土木

コンクリート・鋼構造物

鉄筋の加工・組立

チェック!! ☑ ☐ ☐ ☐ ☐

No.
32
　鉄筋の加工及び組立に関する次の記述のうち，**適当でないも**のはどれか。

❶　径の太い鉄筋などを熱して加工するときは，加熱温度を十分管理し加熱加工後は急冷させる。

❷　型枠に接するスペーサーは，モルタル製あるいはコンクリート製を使用することを原則とする。

❸　曲げ加工した鉄筋を曲げ戻すと材質を害するおそれがあるため，曲げ戻しはできるだけ行わないようにする。

❹　組み立てた鉄筋が長時間大気にさらされる場合には，鉄筋の防せい（錆）処理を行うことを原則とする。

解　説

❶**不適当。** 鉄筋の曲げ加工は原則として<u>常温加工</u>とします。やむを得ず加熱加工する場合は，あらかじめ材質を害さないことが確認された加工方法と適切な温度管理のもとで加工し，<u>加熱加工後も急な冷却をしてはなりません</u>。したがって，❶が不適当です。

❷❸❹**適当。** 設問のとおり，適当です。

「鉄筋の曲げ加工」

鉄筋の加工は
常温で行うのが
原則です

専門土木

コンクリート・鋼構造物

　鉄筋に熱を加えると強度が低下する恐れがあるため，鉄筋の曲げ加工は原則として常温加工とします。

『楽しく学べるマンガ基本テキスト』
➡鉄筋の加工及び組立 p.128〜

正解 1

コンクリート・鋼構造物
ボルトの締付け

チェック‼ ☑ ☐ ☐ ☐ ☐

No.
33
　　　鋼橋のボルトの締付けに関する次の記述のうち，**適当でない**
ものはどれか。

❶　ボルトの締付けにあたっては，設計ボルト軸力が得られるように締付
ける。

❷　ボルトの締付けは，各材片間の密着を確保し，十分な応力を伝達させ
るようにする。

❸　ボルト軸力の導入は，ボルトの頭部を回して行うことを原則とする。

❹　トルシア形高力ボルトを使用する場合は，本締めに専用締付け機を使
用する。

解　説

❶❷❹**適当。**設問のとおり，適当です。

❸**不適当。**ボルトの軸力の導入は，ボルトの頭部
を回して行うと，ボルトとナットが一緒に回転
（共回りという）して締付けできないため，原則
としてナットを回して行います。したがって，
❸が不適当です。

ポイント解説

「高力ボルトの締付け」

高力ボルトの締付は，1次締め，マーキング，本締めの3段階で行います。マーキングは，ボルト，ナット，座金，および部材にわたって直線上にマーキングします。本締め後は，マーキングのズレによりナットが回転していることを確認します。

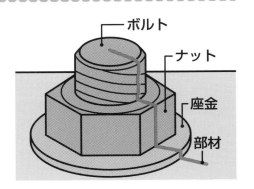

専門土木

コンクリート・鋼構造物

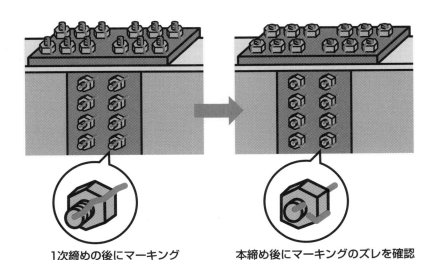

1次締めの後にマーキング

本締め後にマーキングのズレを確認

高力ボルトの締付けは，1次締めの後にマーキングし，ナットを回転させて本締めします。

『楽しく学べるマンガ基本テキスト』
→鋼材の種類・接合・塗装 p.142～

正解 ③

コンクリート・鋼構造物

橋梁の架設工法

チェック‼ ☑ ☐ ☐ ☐ ☐

No.
34

鋼橋の架設工法に関する次の記述のうち，**適当でないもの**はどれか。

❶ フローティングクレーンによる一括架設工法は，船にクレーンを組み込んだ起重機船により橋梁を一括してつり上げる工法で，水深があり流れの弱い場所で使われる。

❷ トラベラークレーンによる片持ち式架設工法は，すでに架設した桁上に架設用クレーンを設置し部材をつる工法で，深い谷や，桁下の空間が使用できない場所に使われる。

❸ クレーン車によるベント式架設工法は，自走式クレーン車で橋桁をつり上げ架設する工法で，桁下にベントを設置できる場所に使われる。

❹ ケーブルクレーンによる直づり工法は，部材をケーブルクレーンでつり込み受け梁上で組み立てる工法で，主に市街地の道路上で交通規制が困難な場所で使われる。

解 説

❶❷❸**適当。**設問のとおり，適当です。

❹**不適当。**ケーブルクレーンによる直づり工法は，山岳部の深い谷や河川など桁下が利用できない場所で使用される工法で，橋台上または後方に鉄塔を立ててケーブルを張り渡し，部材をケーブルクレーンにより吊り込み，受梁上で組み立てて架設する工法です。したがって，❹が不適当です。

「ケーブルクレーン工法」

●土木用語解説

「ケーブルクレーン工法」

　ケーブルクレーン工法は, 山岳部の深い谷や河川など, 桁下が利用できない場合に用いられる橋梁の架設工法です。

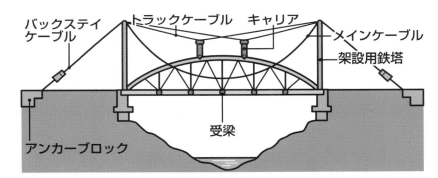

バックステイケーブル　トラックケーブル　キャリア　メインケーブル
架設用鉄塔
アンカーブロック
受梁

専門土木

コンクリート・鋼構造物

『楽しく学べるマンガ基本テキスト』
➡ PC 工法・橋梁の架設工法 p.149 ～

正解 **4**

河川工事
河川断面の各部の名称

重要度 **AAA**

出題年度 **H30-15**

チェック!! ☑ ☐ ☐ ☐ ☐

No. 35　河川に関する次の記述のうち，**適当でないもの**はどれか。

❶　河川の流水がある側を堤外地，堤防で守られる側を堤内地という。

❷　河川において，下流から上流を見て右側を右岸，左側を左岸という。

❸　堤防の法面は，河川の流水がある側を表法面，その反対側を裏法面という。

❹　河川堤防の断面で一番高い平らな部分を天端という。

解　説

❶❸❹**適当**。設問のとおり，適当です。

❷**不適当**。河川において，上流から下流を見て右側を右岸，左側を左岸といいます。したがって，❷が不適当です。

「河川断面の各部の名称①」

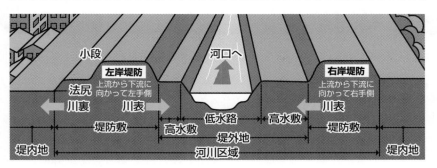

河川の上流から下流を見て右側を右岸, 左側を左岸といいます。

『楽しく学べるマンガ基本テキスト』
➡河川工事・築堤 p.157 〜

正解 2

重要度

AA

出題年度
R5-15

河川工事

河川断面の各部の名称

チェック‼ ☑ ☐ ☐ ☐ ☐

No.
36

河川に関する次の記述のうち，**適当でないもの**はどれか。

❶ 河川の流水がある側を堤内地，堤防で守られている側を堤外地という。

❷ 河川堤防断面で一番高い平らな部分を天端という。

❸ 河川において，上流から下流を見て右側を右岸，左側を左岸という。

❹ 堤防の法面は，河川の流水がある側を表法面，その反対側を裏法面という。

解 説

❶**不適当**。河川において，堤防に対して河川の流水がある側の土地を堤外地，堤防で守られる側の土地を堤内地といいます。したがって，❶が不適当です。
❷❸❹**適当**。設問のとおり，適当です。

「河川断面の各部の名称②」

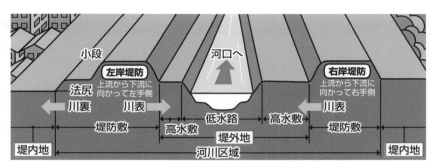

小段

河口へ

左岸堤防 上流から下流に向かって左手側

法尻
川裏　川表

右岸堤防 上流から下流に向かって右手側

川表

低水路

高水敷　高水敷

堤防敷　高水敷　堤防敷

堤内地　堤外地　堤内地

河川区域

　河川の流水がある側の土地を堤外地，堤防で守られる側の土地を堤内地といいます。

『楽しく学べるマンガ基本テキスト』
➡河川工事・築堤 p.157 〜

正解 **1**

重要度

AA

出題年度
H27-15

河川工事

築堤材料

チェック!! ✓ ☐ ☐ ☐ ☐

No. 37　　河川堤防に用いる土質材料に関する次の記述のうち，**適当でないもの**はどれか。

❶　堤体の安定に支障を及ぼすような圧縮変形や膨張性がないものであること。

❷　できるだけ透水性があること。

❸　有害な有機物及び水に溶解する成分を含まないこと。

❹　施工性がよく，特に締固めが容易であること。

解　説

　河川堤防に用いる土質材料として好ましい土は，次に示すような条件を満たしているものを選びます。
　　・草や木などの有機物を含まないもの。
　　・できるだけ**不透水性**であること。
　　・膨張, 収縮が小さくひび割れの生じないもの。
　　・水に溶解する成分を含まないもの。
　　・掘削, 運搬, 締固め等の施工が容易なもの。
　したがって，❷が不適当です。

「河川堤防の土質材料」

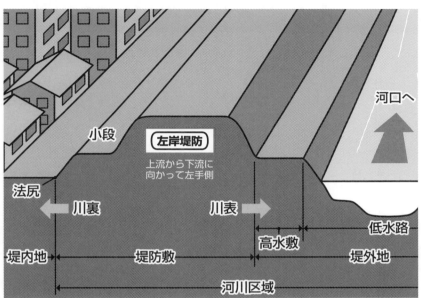

河口へ

小段

左岸堤防

上流から下流に
向かって左手側

法尻

川裏　　　　　　　　　　川表

低水路

堤内地　　　　堤防敷　　　　高水敷　　　　堤外地

河川区域

　河川堤防に用いる土質材料は，河川から堤内地に水が浸入しないように，できるだけ不透水性である必要があります。

砂防工事

砂防えん堤（砂防ダム）の施工

No.
38
砂防えん堤に関する次の記述のうち，**適当でないもの**はどれか。

❶ 水通しは，一般に矩形断面とし，洪水流量を正確に観測できるようにする。

❷ 袖は，洪水を越流させないようにし，両岸に向って上り勾配とする。

❸ 水たたきは，落下水の衝撃を緩和し，洗掘を防止するために前庭部に設ける。

❹ 水抜きは，おもに施工中の流水の切替えや堆砂後の浸透水を抜いて水圧を軽減するために設ける。

解 説

❶**不適当**。水通しは，矩形（長方形）ではなく，原則として逆台形とします。また，水通しは水や土砂を安全に越流させるのに十分な大きさとし，原則として本えん堤の中央部に設けます。したがって，❶が不適当です。
❷❸❹**適当**。設問のとおり，適当です。

「水通し」

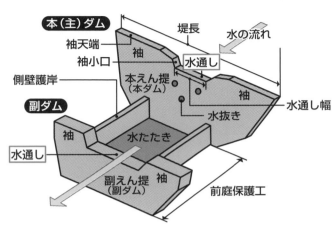

本(主)ダム

袖天端
袖
堤長
水の流れ
袖小口
水通し
側壁護岸
本えん提
(本ダム)
袖
副ダム
水通し幅
水抜き
袖
水たき
水通し
袖
副えん提
(副ダム)
前庭保護工

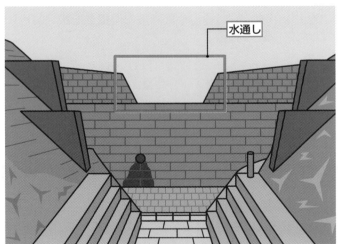

水通し

砂防ダムの目的は，周辺の斜面崩壊の防止や流出する土砂の貯留，および調節機能などで，水通しは水や土砂を安全に越流させるために逆台形とします。

『楽しく学べるマンガ基本テキスト』
➡砂防工事 p.172 ～

正解 **1**

砂防工事

砂防えん堤（砂防ダム）の施工

No. 39　　重力式コンクリート砂防えん堤の標準的な構造に関する次の説明の（イ），（ロ），（ハ）について，それぞれの名称の組合せのうち，**適当なもの**はどれか。

［説明文］

（イ）　水や土砂を安全に越流させるために設けられ，一般的にその形状は逆台形である。

（ロ）　本堤を越流した落下水によるえん堤下流部の洗掘を防止するために設けられる。

（ハ）　施工中の流水の切替えや堆砂後の浸透水を抜いて水圧を軽減するために設けられる。

	（イ）	（ロ）	（ハ）
❶	袖	前庭保護工	ウォータークッション
❷	水通し	前庭保護工	水抜き
❸	水通し	袖	ウォータークッション
❹	袖	水通し	水抜き

解 説

　砂防えん堤の標準的な構造は次のとおりです。

（イ）　水や土砂を安全に越流させるために設けられ，一般的にその形状は逆台形であるものは，**水通し**です。

（ロ）　本堤を越流した落下水によるえん堤下流部の洗掘を防止するために設けられるものは，**前庭保護工**です。

（ハ）　施工中の流水の切替えや堆砂後の浸透水を抜いて水圧を軽減するために設けられるものは，**水抜き**です。

　したがって，❷の組合せが適当です。

「砂防ダムの構造①」

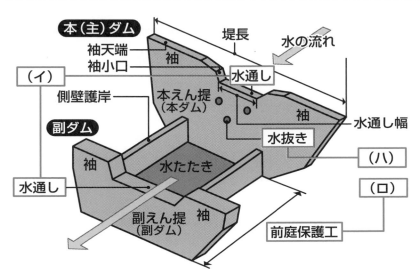

砂防ダムの構造のうち，水通し，水抜き，前庭保護工については，それぞれの機能を理解して覚えるようにしましょう。

『楽しく学べるマンガ基本テキスト』
➡砂防工事 p.172 〜

正解 **2**

砂防工事

砂防えん堤(砂防ダム)の施工

チェック!! ☑ ☐ ☐ ☐ ☐

No.
40
　　砂防えん堤に関する次の記述のうち, **適当でないもの**はどれか。

❶　水通しは, 砂防えん堤の上流側からの水を越流させるために設ける。

❷　袖は, 洪水を越流させないようにし, また, 土石などの流下による衝撃力で破壊されないように強固な構造とする。

❸　水抜きは, おもに施工中の流水の切替えや堆砂後の浸透水を抜いて砂防えん堤にかかる水圧を軽減するために設ける。

❹　前庭保護工は, 土砂が砂防えん堤を越流しないようにするため, えん堤の上流側に設ける。

解 説

❶❷❸**適当**。設問のとおり, 適当です。

❹**不適当**。前庭保護工は, えん堤本体を保護する目的で本えん堤の下流部側に設けるもので, 本えん堤から越流した水や土砂による洗掘を防止し, 水たたき, 側壁護岸, 副えん堤等で構成されています。したがって, ❹が不適当です。

「砂防ダムの構造②」

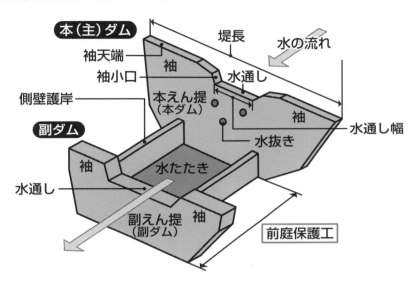

本(主)ダム

堤長

水の流れ

袖天端

袖

水通し

袖小口

側壁護岸

本えん提
（本ダム）

副ダム

袖

水通し幅

水抜き

水通し

袖

水たたき

副えん提
（副ダム）

袖

前庭保護工

専門土木

砂防工事

　前庭保護工は，えん堤本体を保護する目的で本えん堤の下流側に設けるものです。

『楽しく学べるマンガ基本テキスト』
➡砂防工事 p.172 〜

正解 **4**

砂防工事

地すべり防止工

チェック‼ ☑ ☐ ☐ ☐ ☐

No.
41
　地すべり防止工に関する次の記述のうち，**適当でないもの**はどれか。

❶　排土工は，地すべり脚部に存在する不安定な土塊を排除し，地すべりの滑動力を減少させる工法である。

❷　集水井工は，比較的堅固な地盤に井筒を設け，集水孔や集水ボーリングによって地下水を集水し，原則として排水ボーリングにより自然排水する工法である。

❸　横ボーリング工は，帯水層をねらってボーリングを行い地下水を排除する工法で，排水を考えて上向き勾配とする。

❹　杭工は，鋼管などの杭を地すべり斜面に建込み，斜面の安定度を高める工法である。

解　説

❶**不適当**。排土工は，地すべり土塊の頭部の土を取り除き，土の荷重を減少させることによって，地すべりの滑動力を減少させる工法で，地すべり防止に最も確実な効果を期待できる工法の一つです。したがって，❶が不適当です。
❷❸❹**適当**。設問のとおり，適当です。

「排土工」

排土工をしない状態

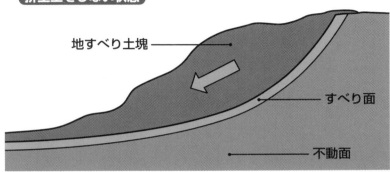

地すべり土塊

すべり面

不動面

排土工を行った状態

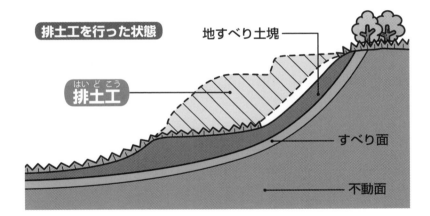

地すべり土塊

はいどこう
排土工

すべり面

不動面

　排土工は，地すべり土塊の荷重を減少させる工法ですので，できるだけ上部にある土を取り除いたほうが地すべり防止の効果が高くなります。

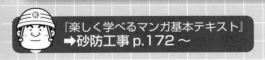

『楽しく学べるマンガ基本テキスト』
➡砂防工事 p.172 〜

正解 **1**

砂防工事

地すべり防止工

チェック‼ ☑ ▢ ▢ ▢ ▢

No. 42　地すべり防止工に関する次の記述のうち，**適当でないもの**はどれか。

❶ 横ボーリング工は，地下水の排除のため，帯水層に向けてボーリングを行う工法である。

❷ 地すべり防止工では，抑止工，抑制工の順に施工するのが一般的である。

❸ 杭工は，鋼管等の杭を地すべり斜面等に挿入して，斜面の安定を高める工法である。

❹ 地すべり防止工では，抑止工だけの施工は避けるのが一般的である。

解　説

❶❸❹**適当。**設問のとおり，適当です。

❷**不適当。**地すべり運動が活発に継続している場合は，抑制工を先行して地すべり運動を軽減してから抑止工を実施します。したがって，❷が不適当です。

「地すべり（抑制工・抑止工）」

　排土工や水路工などにより，地形や地下水の状態などの自然条件を変化させることによって地すべり運動を緩和させることを抑制工といいます。また，鋼管杭工やアンカー工などにより，構造物によって地すべり運動を停止させることを抑止工といいます。地すべり運動が活発に継続している場合は，抑制工を先行して，地すべり運動を軽減してから抑止工を実施します。

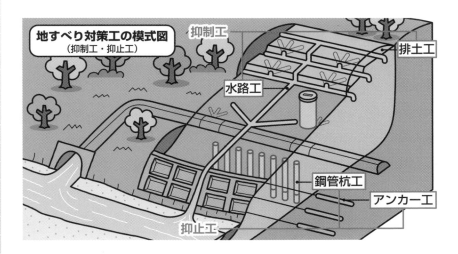

地すべり対策工の模式図
（抑制工・抑止工）

抑制工

排土工

水路工

鋼管杭工

アンカー工

抑止工

　地すべり防止工には抑制工と抑止工があり，それぞれ説明文の問題がよく出題されますので，対比して覚えるようにしましょう。

専門土木

砂防工事

『楽しく学べるマンガ基本テキスト』
➡砂防工事 p.172 〜

正解 2

道路・舗装工事

路床・路盤の施工

チェック!! ☑️ ☐ ☐ ☐ ☐

No.
43

道路のアスファルト舗装の路床及び下層路盤の施工に関する次の記述のうち，**適当でないもの**はどれか。

❶ 下層路盤に粒状路盤材料を使用した場合の1層の仕上り厚さは，30cm以下とする。

❷ 路床が切土の場合であっても，表面から30cm程度以内にある木根，転石などを取り除いて仕上げる。

❸ 路床盛土の1層の敷均し厚さは，仕上り厚で20cm以下とする。

❹ 下層路盤の粒状路盤材料の転圧は，一般にロードローラと8〜20tのタイヤローラで行う。

解　説

❶**不適当。**下層路盤に粒状路盤材料を使用した場合の1層の仕上り厚さは，20cm以下を標準とし，その敷均しは一般にモーターグレーダで行います。したがって，❶が不適当です。

❷❸❹**適当。**設問のとおり，適当です。

「下層路盤の施工」

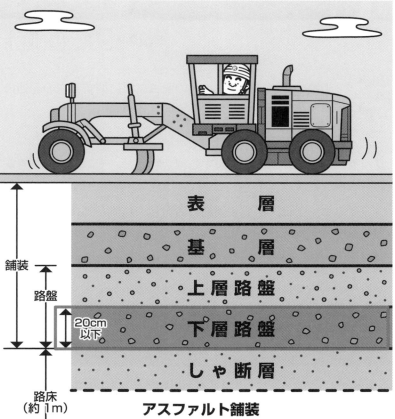

表　　層

基　　層

上層路盤

下層路盤

しゃ断層

舗装

路盤

20cm
以下

路床
（約1m）

アスファルト舗装

　下層路盤材料の敷均しは，1層あたりの厚さを厚くして施工すると十分な締固めができなくなるため，1層の仕上がり厚さは20cm以下とし，モーターグレーダで入念に敷均します。

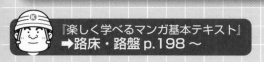

『楽しく学べるマンガ基本テキスト』
➡路床・路盤 p.198 ～

正解 **1**

道路・舗装工事
プライムコート・タックコート

チェック!! ☑ ☐ ☐ ☐ ☐

No.
44　道路のアスファルト舗装の瀝青材料に関する次の記述のうち，**適当でないもの**はどれか。

❶　タックコートは，新たに舗設する混合物層と，その下層の瀝青安定処理層との透水性をよくする。

❷　プライムコートは，路盤表面部に散布し，路盤とアスファルト混合物とのなじみをよくする。

❸　プライムコートには，通常，アスファルト乳剤のPK-3を用いる。

❹　寒冷期の舗設では，アスファルト乳剤を散布しやすくするために，その性質に応じて加温しておく。

解　説

❶**不適当。**タックコートは，舗装の基層の表面と，その上の表層との接着をよくするために行うものであり，透水性をよくするものではありません。したがって，❶が不適当です。

❷❸❹**適当。**設問のとおり，適当です。

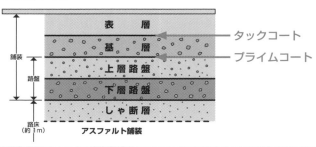

「プライムコート」「タックコート」

　プライムコートは，路盤上に薄く瀝青材料をまいたもので，路盤とその上のアスファルト混合物とのなじみをよくし，表面水の浸透防止，路盤からの水分の毛管上昇を遮断するためのものです。

　タックコートは，基層の表面にアスファルト乳剤などの瀝青材料をまいたもので，表層と基層との接着をよくするためのものです。

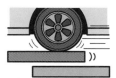
（タックコートなし）
表層がすべりやすい

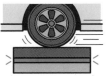
（タックコートあり）
表層がすべらない

　舗装工は，路盤工→**プライムコート**→基層→**タックコート**→表層の順に施工します。この施工手順に沿って，プライムコート，タックコートの目的を対比して覚えるようにしましょう。

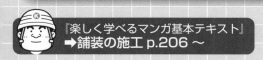
『楽しく学べるマンガ基本テキスト』
➡舗装の施工 p.206 ～

正解 **1**

重要度
AA

出題年度
R3-20

道路・舗装工事

アスファルト舗装の施工

チェック‼ ☑ ☐ ☐ ☐ ☐

No. 45
　　道路のアスファルト舗装における締固めに関する次の記述のうち，**適当でないもの**はどれか。

❶　締固め作業は，継目転圧・初転圧・二次転圧・仕上げ転圧の順序で行う。

❷　初転圧時のローラへの混合物の付着防止には，少量の水，又は軽油等を薄く塗布する。

❸　転圧温度が高すぎたり過転圧等の場合，ヘアクラックが多く見られることがある。

❹　継目は，既設舗装の補修の場合を除いて，下層の継目と上層の継目を重ねるようにする。

解　説

❶❷❸**適当。**設問のとおり，適当です。

❹**不適当。**施工の継目は，予めその位置を定めておき，横継目，縦継目ともに上下層の継目を<u>重ねない</u>ようにずらして施工します。したがって，❹が不適当です。

100　アスファルト舗装の施工

「アスファルト舗装(横継目)」

　横目地は, 施工の終了時などで道路の横方向にできる目地のことで, 下層の継目と上層の継目を重ねないようにずらして施工します。

横目地

●2層構造の場合の横継目の例

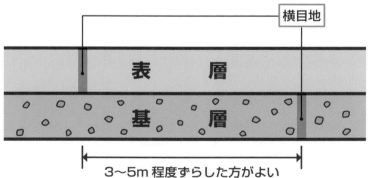

横目地

表　層

基　層

3〜5m 程度ずらした方がよい

『楽しく学べるマンガ基本テキスト』
➡舗装の施工 p.206 〜

正解 4

専門土木

道路・舗装工事

道路・舗装工事
アスファルト舗装の施工

チェック!! ✓ ☐ ☐ ☐ ☐

No.
46

アスファルト舗装道路の混合物の敷均し及び締固めの施工に関する次の記述のうち，**適当でないもの**はどれか。

❶ 寒冷期に施工を行う場合には，特に温度管理に留意するとともに，必要に応じて混合物の保温対策などを講じる。

❷ 混合物の初転圧は，一般に横断勾配の低い方から高い方へ向かい，順次幅寄せしながら低速かつ一定の速度で転圧する。

❸ 締固め効果の高いローラを用いる場合の転圧は，所定の締固め度が得られる範囲で適切な転圧温度を設定する。

❹ 施工の継目は，予めその位置を定めておき，上下層の継目が同位置となるよう施工する。

解　説

❶❷❸**適当。**設問のとおり，適当です。

❹**不適当。**施工の継目は，予めその位置を定めておき，横継目，縦継目ともに上下層の継目が同位置とならないように施工します。したがって，❹が不適当です。

「アスファルト舗装(縦継目)」

縦目地は, 道路中心線に平行に設ける目地のことで, 横目地と同様に下層の継目と上層の継目を重ねないようにずらして施工します。

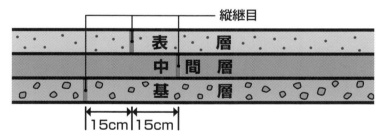

※15cm程度ずらした方がよい

アスファルト舗装の横目地, および縦目地は, ともに舗装面からの水分浸透により弱点になりやすいため, 下層の継目と上層の継目をずらして施工します。

『楽しく学べるマンガ基本テキスト』
➡舗装の施工 p.206〜

正解 **4**

上下水道工事

上水道管の施工

チェック‼ ✓ ☐ ☐ ☐ ☐

No.
47
　　　上水道の管布設工に関する次の記述のうち，**適当でないもの**はどれか。

❶ ダクタイル鋳鉄管の切断は，切断機で行うことを標準とする。

❷ 鋼管の据付けは，管体保護のため基礎に良質の砂を敷き均す。

❸ 管の切断は，管軸に対して直角に行う。

❹ 管の布設は，原則として高所から低所に向けて行う。

解　説

❶❷❸**適当。**設問のとおり，適当です。

❹**不適当。**管の布設は，高所から低所に向けて行うと作業性が悪くなり，また時間の経過とともに下側の管が抜け出すおそれがあるため，原則として<u>低所から高所に向けて</u>行います。したがって，❹が不適当です。

「上水道管の布設」

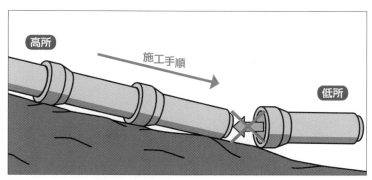

高所から低所に向けて管を布設

- × 管を接続しにくい
- × 下側の管が抜け出るおそれがある

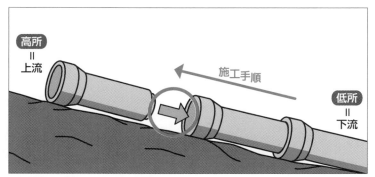

低所から高所に向けて管を布設

- ○ 管を接続しやすい
- ○ 管が抜け出ない

　上水道管の施工手順は，低所から高所の順に行い，ソケットの受口を高所
側に向けて布設します。

『楽しく学べるマンガ基本テキスト』
➡上水道施設 p.267 〜

正解 4

上下水道工事
上水道管の施工

重要度 **AAA**

出題年度 **H30-30**

チェック!! ✓☐☐☐☐

No. 48 　上水道管の布設工事に関する次の記述のうち，**適当でないも**のはどれか。

❶　ダクタイル鋳鉄管の据付けにあたっては，表示記号のうち，管径，年号の記号を上に向けて据え付ける。

❷　一日の布設作業完了後は，管内に土砂，汚水などが流入しないよう木蓋などで管端部をふさぐ。

❸　管の切断は，管軸に対して直角に行う。

❹　管の布設作業は，原則として高所から低所に向けて行い，受口のある管は受口を低所に向けて配管する。

解 説

❶❷❸**適当。**設問のとおり，適当です。

❹**不適当。**管の布設作業は，原則として<u>低所から高所</u>に向けて行い，受口のある管は<u>受口を高所に向けて</u>配管します。したがって，❹が不適当です。

MEMO

『楽しく学べるマンガ基本テキスト』
➡上水道施設 p.267 〜

正解 **4**

ダム工事
ダムコンクリートの基本的性質

> No.
> 49

ダムコンクリートの品質として備えるべき重要な基本的性質に関する次の記述のうち，**適当でないもの**はどれか。

❶ 容積変化が大きいこと。

❷ 耐久性が大きいこと。

❸ 水密性が高いこと。

❹ 発熱量が小さいこと。

解　説

ダムコンクリートは，次のような品質上の基本的性質を備えていなければなりません。

  ・十分な水密性，耐久性があること
  ・容積変化が小さく，発熱量が少ないこと
  ・単位体積質量が大きいこと
  ・所定の強度があること
  ・経済的であること

したがって，❶が不適当です。

「ダムコンクリート」

容積変化が小さい適切なコンクリートを使用している場合

容積変化が大きいコンクリートを使用している場合
　コンクリートの膨張や収縮によりひびわれが発生する
おそれがある。

　コンクリートダムは規模が非常に大きく，コンクリートによって水を堰き
止める構造であるため，ダムコンクリートには容積変化が小さいことが求め
られます。

『楽しく学べるマンガ基本テキスト』
➡ダムの構造・形式 p.182 ～

正解 **1**

ダム工事

ダムの施工

チェック‼ ☑ ☐ ☐ ☐ ☐

No.
50

コンクリートダムに関する次の記述のうち，**適当でないもの**はどれか。

❶ 転流工は，ダム本体工事期間中の河川の流れを一時迂回させるものであり，河川流量や地形などを考慮して仮排水路トンネル方式が多く用いられる。

❷ コンクリートの水平打継目に生じたレイタンスは，完全に硬化後，新たなコンクリートの打込み前に圧力水や電動ブラシなどで除去する。

❸ グラウチングは，ダムの基礎地盤などの遮水性の改良又は弱部の補強を主な目的として実施する。

❹ 基礎掘削は，計画掘削線に近づいたら発破掘削はさけ，人力やブレーカなどで岩盤が緩まないように注意して施工する。

解 説

❶❸❹**適当**。設問のとおり，適当です。

❷**不適当**。コンクリートの水平打継目に生じたレイタンスは，完全硬化後ではなく，コンクリートの表面がある程度硬化した時点（コンクリート打設後6〜12時間以内）で，圧力水や電動ブラシなどを使用して除去します。したがって，❷が不適当です。

「グリーンカット」

ダムコンクリートの水平打継目に生じたレイタンスについて，圧力水や電動ブラシなどを使用して除去することを**グリーンカット**といいます。

コンクリートの水平打継目に生じたレイタンスは，コンクリートの表面がある程度硬化した時点で圧力水などで除去します。

グリーンカットは，コンクリートの表面がある程度硬化した時点（コンクリート打設後6 ～ 12時間以内）で行う必要があります。

『楽しく学べるマンガ基本テキスト』
➡コンクリートダムの施工 p.188 ～

正解 **2**

港湾工事

傾斜型海岸堤防の構造

チェック‼ ☑ ☐ ☐ ☐ ☐

No.
51
　　下図は傾斜型海岸堤防の構造を示したものである。図の（イ）〜（ハ）の構造名称に関する次の組合せのうち，**適当なもの**はどれか。

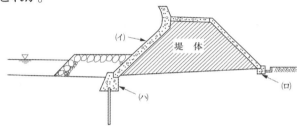

	（イ）	（ロ）	（ハ）
❶	裏法被覆工	根留工	基礎工
❷	表法被覆工	基礎工	根留工
❸	表法被覆工	根留工	基礎工
❹	裏法被覆工	基礎工	根留工

解 説

　傾斜型海岸堤防は，前面法勾配が1割より緩いもの（法勾配が1：1以上）をいい，各部構造名称は右図のとおりです。
　（イ）は表法被覆工，（ロ）は根留工，（ハ）は基礎工です。したがって，❸が適当です。

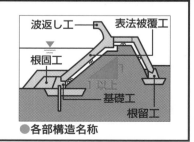

●各部構造名称

「海岸堤防の形式 『傾斜型』『直立型』『混成型』」

海岸堤防の形式は，法面の勾配により主に3種類に分類され，前面法勾配が1割以上（1：1より緩やかな勾配）のものを傾斜型，1割未満（1：1より急な勾配）のものを直立型，下部を傾斜型としてその上部を直立型としたものを混成型といいます。

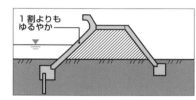

傾斜型

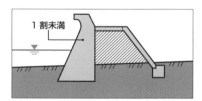

直立型

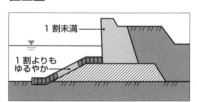

混成型

海岸堤防では，地盤強度や水深，親水性などの現地条件において，どのような場合に傾斜型，直立型，混成型を用いるのか，それぞれの特徴を対比して覚えるようにしましょう。

『楽しく学べるマンガ基本テキスト』
→海岸堤防 p.234 〜

正解 **3**

専門土木

港湾工事

重要度
AA

出題年度
H25-25

港湾工事
海岸堤防の形式

チェック‼ ☑ ☐ ☐ ☐ ☐

No.
52
　海岸堤防の形式に関する次の記述のうち，**適当でないもの**はどれか。

❶　親水性の要請が高い場合には，直立型が適している。

❷　基礎地盤が比較的軟弱な場合には，傾斜型が適している。

❸　堤防用地が容易に得られない場合には，直立型が適している。

❹　堤防直前で砕波が起こる場合には，傾斜型が適している。

解　説

❶**不適当。**親水性（水と親しむ特性）の要請が高い場合には，前面法勾配が１割（１：１）よりも緩い傾斜型や，前面法勾配が３割（１：３）以上の緩傾斜型が適しています。直立型は，前面法面勾配が１割（１：１）よりも急勾配であるため，親水性の要請が高い場合には適さない構造です。したがって，❶が不適当です。
❷❸❹**適当。**設問のとおり，適当です。

「海岸堤防の形式『緩傾斜型』」

傾斜型のうち，前面法勾配が3割（1：3）以上のものを緩傾斜型といいます。

緩傾斜型

直立型

　親水性の要請が高い場合には，人が歩行できる程度の緩やかな傾斜面を有する緩傾斜型が適しています。

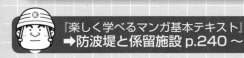

『楽しく学べるマンガ基本テキスト』
➡防波堤と係留施設 p.240 ～

正解 1

港湾工事

海岸堤防の形式

No.
53
　　海岸堤防の形式に関する次の記述のうち，**適当でないもの**はどれか。

❶　親水性の要請が高い場合には，緩傾斜型が適している。

❷　基礎地盤が比較的軟弱な場合には，直立型が適している。

❸　堤防用地が容易に得られない場合には，直立型が適している。

❹　堤防直前で砕波が起こる場合には，傾斜型が適している。

解　説

❶❸❹**適当。**設問のとおり，適当です。

❷**不適当。**直立型は堤防用地が狭く，基礎地盤が比較的堅固な場合に適用されるもので，軟弱な地盤では不安定となるため適さない型式です。基礎地盤が軟弱な場合は，下部の堤体底面幅が広く，上部からの荷重を分散できる混成型が適しています。したがって，❷が不適当です。

「海岸堤防の形式『混成型』」

比較的堅固な地盤

直立型

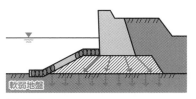

軟弱地盤

混成型

　基礎地盤が軟弱な場合は，下部の堤体底面幅が広く，上部からの荷重を分散できる混成型が適しています。

専門土木

港湾工事

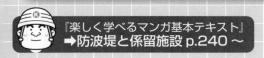

『楽しく学べるマンガ基本テキスト』
➡防波堤と係留施設 p.240 〜

正解 **2**

港湾工事

海岸堤防の特徴

チェック!! ✓ ☐ ☐ ☐ ☐

No. 54 　海岸堤防の形式の特徴に関する次の記述のうち，**適当でない**ものはどれか。

❶ 直立型は，比較的良好な地盤で，堤防用地が容易に得られない場合に適している。

❷ 傾斜型は，比較的軟弱な地盤で，堤体土砂が容易に得られる場合に適している。

❸ 緩傾斜型は，堤防用地が広く得られる場合や，海水浴場等に利用する場合に適している。

❹ 混成型は，水深が割合に深く，比較的良好な地盤に適している。

解 説

❶❷❸**適当**。設問のとおり，適当です。

❹**不適当**。混成堤は，下部に捨石による傾斜堤を構築し，その上に直立堤を設置した構造であるため，水深の深い場所や比較的軟弱な地盤などに用いられる構造です。したがって，❹が不適当です。

「海岸堤防の形式『混成堤(型)』」

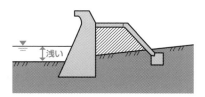

直立堤(型)
水深が浅く，基礎地盤が堅固な
場合

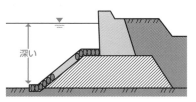

混成堤(型)
水深が深く，比較的軟弱な地盤
の場合

専門土木

港湾工事

　混成堤**は，水深の深い場所**や**比較的軟弱な地盤の場所などに用いられてい**ます。

『楽しく学べるマンガ基本テキスト』
➡防波堤と係留施設 p.240 〜

正解 **4**

トンネル工事

掘削工法

チェック‼ ✓ ☐ ☐ ☐ ☐

No.
55

　トンネル掘削方式のうち，**側壁導坑先進工法**を示した図は，次のうちどれか。
　なお，図中の丸数字は掘削の順序を示す。

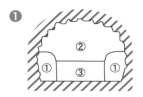

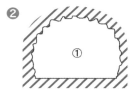

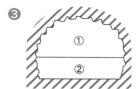

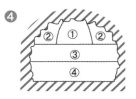

解　説

　側壁導坑先進工法は，トンネル断面内の両側の導坑部分①を先行して掘削した後，上半②，下半③を掘削する工法です。したがって，❶が**側壁導坑先進工法**を表しています。
　なお，❷は全断面工法，❸はベンチカット工法，❹は頂設導坑先進工法を表しています。

「側壁導坑先進工法」

　トンネル両側の土平部を導坑として先進させ，次に導坑内に側壁コンクリートを打設した後に上半，下半を掘削する工法を側壁導坑先進工法といいます。

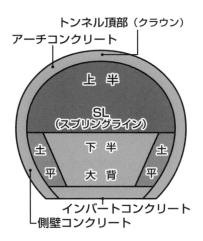

●トンネル断面の名称

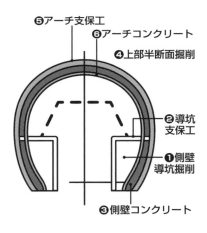

●側壁導坑先進工法

　側壁導坑先進工法は，側壁の導坑2か所を先行して掘削するため作業能率は低くなりますが，地盤が軟弱な場合や大湧水が予測されるときに適した工法です。

専門土木

トンネル工事

トンネル工事

トンネルの掘削

チェック‼ ☑ ☐ ☐ ☐ ☐

No.
56

トンネルの山岳工法における掘削に関する次の記述のうち，**適当でないもの**はどれか。

❶ ベンチカット工法は，トンネル全断面を一度に掘削する方法である。

❷ 導坑先進工法は，トンネル断面を数個の小さな断面に分け，徐々に切り広げていく工法である。

❸ 発破掘削は，爆破のためにダイナマイトや ANFO 等の爆薬が用いられる。

❹ 機械掘削は，騒音や振動が比較的少ないため，都市部のトンネルにおいて多く用いられる。

解 説

❶**不適当。**ベンチカット工法は，トンネルの断面を上半断面と下半断面に分割して掘進する工法です。なお，設問文の「トンネル全断面を一度に掘削する方法」とは，全断面工法の説明です。したがって，❶が不適当です。

❷❸❹**適当。**設問のとおり，適当です。

「全断面工法」

　導坑を掘削せずに，全断面を一度に掘削する工法を全断面工法といいます。全断面工法は，地質が非常に安定している岩質地山に採用される工法で，断面積が30㎡程度の小断面トンネルで採用される工法です。

①断面が大きいトンネル
全断面工法では掘削中に地山が
不安定となるため適さない

②断面が小さいトンネル
地質が安定している地山では
全断面工法が適している

『楽しく学べるマンガ基本テキスト』
➡トンネルの掘削方式 p.217 ～

正解 **1**

トンネル工事
トンネルの施工

チェック‼ ☑ ☐ ☐ ☐ ☐

**No.
57** トンネルの施工に関する次の記述のうち，**適当でないもの**は
どれか。

❶ 自由断面掘削方式による機械掘削は，地質条件の適合性からだけでな
く，発破掘削に比べて騒音・振動が比較的少ないので周辺環境上の制約
がある場所でも適用される。

❷ 支保工の施工は，周辺地山の有する支保機能が早期に発揮されるよう
掘削後速やかに行い，支保工と地山をできるだけ密着あるいは一体化さ
せ，地山の安定化をはかる。

❸ 覆工は，坑口部など土被りの小さい場合や，付加荷重，水圧などの外
力が作用する場合を除き，通常，無筋コンクリートで施工される。

❹ 導坑先進工法は，地質が安定した地山で採用され，大型機械の使用が
可能となり作業能率が高まる。

解 説

❶❷❸**適当。**設問のとおり，適当です。

❹**不適当。**導坑先進工法は，先行して小断面の坑道を掘削し，その後，残りの
部分を切り広げていく工法のため，導坑を利用して地質や湧水状況の調査
を行う場合や，地山が軟弱で切羽の自立が困難な場合に用いられます。また，
導坑を先行掘削する必要があるため作業能率は比較的低くなります。した
がって，❹が不適当です。

「底設導坑先進工法」

　導坑先進工法には，側壁導坑先進工法や底設導坑先進工法などがあります。
　底設導坑先進工法は，現在最も多く採用されている標準的な工法で，まずトンネル断面下半の底設導坑の掘削を先行して地質確認と湧水処理を行い，その後で残りの部分を切り広げていく工法です。

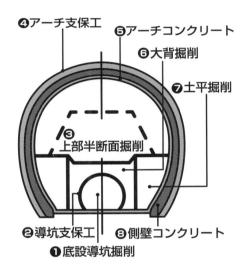

❹アーチ支保工　❺アーチコンクリート
❻大背掘削
❼土平掘削
❸上部半断面掘削
❷導坑支保工　❽側壁コンクリート
❶底設導坑掘削

●底設導坑先進工法

『楽しく学べるマンガ基本テキスト』
➡トンネルの掘削方式 p.217～

正解 ❹

重要度
AA

出題年度
H26-27

鉄道工事
軌　道

チェック‼ ☑ ☐ ☐ ☐ ☐

No.
58　　鉄道の軌道に関する次の記述のうち，**適当でないもの**はどれか。

❶　カントとは，車両が曲線部を通過するときに，車両が外側に転倒するのを防ぎ，乗り心地をよくするために内側よりも外側のレールを高くすることをいう。

❷　軌道は，列車通過の繰返しにより変位が生じやすいため，日常の点検と保守作業が不可欠である。

❸　マクラギは，レールを強固に締結し，十分な強度を有するほか，耐用年数が長いものがよい。

❹　道床バラストは，列車荷重の衝撃力を分散させるため，単一な粒径の材料を用いる。

解　説

❶❷❸**適当。**設問のとおり，適当です。
❹**不適当。**道床バラストは，単一な粒径の材料を用いるとバラスト間の隙間が大きくなり，沈下に対する抵抗が小さくなるため，各種の粒径が混在した材料を用います。したがって，❹が不適当です。

「道床バラスト」

　道床は，レール，まくら木を保持し，列車荷重を路盤に分布させて軌道に弾力性を与えて衝撃力を緩和するためのもので，砕石と砂利からなるものを道床バラストといいます。

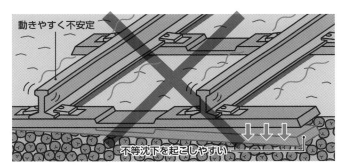

動きやすく不安定

不等沈下を起こしやすい

●単一粒径の材料を用いた場合
バラスト間の隙間が大きくなり車両が通過している下部で
まくら木とレールが不等沈下を起こしやすくなる

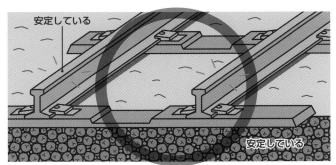

安定している

安定している

●各種粒径が組み合わさった材料を用いた場合
バラスト間の隙間が小さく車両が通過している下部で安定している

　道床バラストには，各種の粒径が混在した材料を用います。

『楽しく学べるマンガ基本テキスト』
➡線路の構造 p.252 ～

正解 4

鉄道工事

カントの機能

チェック‼ ☑ ☐ ☐ ☐ ☐

No. 59　鉄道路線の平面曲線区間におけるカントの機能に関する次の記述のうち，**適当でないもの**はどれか。

❶ 乗客が外側に引かれる力を低減し，乗心地を改善させる。

❷ 車両が曲線外方へ転覆する危険性を低減させる。

❸ 列車走行の抵抗を低減させる。

❹ 内軌側レールに加わる輪重を低減させる。

解　説

❶❷❸**適当。**設問のとおり，適当です。

❹**不適当。**鉄道路線の平面曲線区間における**カント**には，遠心力によって**外軌**側レールに加わる輪重を低減させる機能があります。したがって，❹が不適当です。

「カント」

　鉄道路線の平面曲線区間において，遠心力によって車両が外側に倒れるのを防ぐために，外側のレールを高くすることで生じる内側レールと外側レールの頭面に設ける高低差を**カント**といいます。カントは，原則として曲線の内側のレールを基準とし，外側のレールをかさ上げして付けるものとします。

遠心力
自重
合力

●カントを付けなかった場合

遠心力
自重
合力
C：カント

●カントを付けた場合

　平面曲線区間に**カント**を付けることにより，車両の重量と遠心力との合力がレール面に対して垂直になるため，外軌側レールに加わる輪重を低減させ，乗客に遠心力の影響を感じさせないようにすることができます。

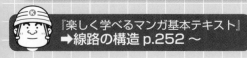
『楽しく学べるマンガ基本テキスト』
➡線路の構造 p.252 ～

正解 **4**

法　規

重要度

AA

出題年度
H27-32

労働基準法

賃金の支払い

チェック!! ✓ ☐ ☐ ☐ ☐

No.
60

　賃金の支払いに関する次の記述のうち，労働基準法上，**誤っているもの**はどれか。

❶　平均賃金とは，これを算定すべき事由の発生した日以前３箇月間にその労働者に対し支払われた賃金の総額を，その期間の総日数で除した金額をいう。

❷　使用者は，労働者が出産，疾病，災害などの場合の費用に充てるために請求する場合においては，支払期日前であっても，既往の労働に対する賃金を支払わなければならない。

❸　使用者は，未成年者の賃金を親権者又は後見人に支払わなければならない。

❹　出来高払制その他の請負制で使用する労働者については，使用者は，労働時間に応じ一定額の賃金の保障をしなければならない。

解　説

❶❷❹**正しい。**設問のとおり，正しいです。

❸**誤り。**賃金は，①毎月１回以上，②一定の期日に，③通貨で，④全額を，⑤直接本人に支払わなければなりません。ただし，本人同意の上で，指定する銀行等の口座に振込みをすることができます（労働基準法第24条，労働基準法施行規則第７条の２第１項）。そのため，未成年者は独立して賃金を請求することができ，また，**使用者は未成年者の賃金を親権者又は後見人に支払ってはなりません**（労働基準法第59条）。したがって，❸が誤りです。

『楽しく学べるマンガ基本テキスト』
➡労働契約と賃金 p.288 〜

正解 ❸

労働基準法

労働時間・休日・休憩

チェック!! ☑ ☐ ☐ ☐ ☐

No.
61

労働時間などに関する次の記述のうち，労働基準法上，**誤っ
ているもの**はどれか。

❶ 使用者は，原則として労働者に対して，毎週少くとも1回の休日を与
えなければならない。

❷ 使用者は，原則として労働者に，休憩時間を除き1週間について48
時間を越えて，労働させてはならない。

❸ 使用者は，原則として労働時間が6時間を越える場合においては，少
くとも45分間の休憩時間を労働時間の途中に与えなければならない。

❹ 使用者は，原則として1週間の各日については，労働者に，休憩時間
を除き1日について8時間を越えて，労働させてはならない。

解　説

❶❸❹**正しい。**設問のとおり，正しいです。

❷**誤り。**使用者は，労働者に休憩時間を除き1週間について40時間を超えて労働させてはなりません（労働基準法第32条第1項）。したがって，❷が誤りです。

　なお，労働者の過半数で組織する労働組合か労働者の過半数を代表する者との労使協定において，時間外・休日労働について定め，行政官庁に届け出た場合には，法定の労働時間を超える時間外労働，法定の休日における休日労働が認められます。この労使協定を「時間外労働協定」といいます。また，時間外労働時間には限度が設けられています。この「時間外労働協定」は，労働基準法第36条に定めがあることから，一般に「36（サブロク）協定」とも呼ばれています。

使用者は労働者に，休憩時間を除き，1週間について**40時間**を超えて労働させてはなりません。

40時間

『楽しく学べるマンガ基本テキスト』
➡労働時間と就業制限 p.298 ～

正解 **2**

労働基準法

就業制限（女性・年少者）

チェック‼ ☑ ☐ ☐ ☐ ☐

No.
62

労働基準法上，年少者や女性の就業に関する次の記述のうち，**誤っているもの**はどれか。

❶ 使用者は，原則として，満18歳に満たない者を午後10時から午前5時までの間において使用してはならない。

❷ 使用者は，満18歳に満たない者を，運転中の機械若しくは動力伝導装置の危険な部分の掃除，注油，検査若しくは修繕の業務に就かせてはならない。

❸ 使用者は，本人が了解しない限り，満18歳以上の女性を坑内で行われる人力による掘削の業務に就かせてはならない。

❹ 使用者は，妊娠中の女性及び産後1年を経過しない女性を，定められた重量以上の重量物を取り扱う業務に就かせてはならない。

解　説

❶❷❹**正しい。**設問のとおり，正しいです。

❸**誤り。**使用者は，満18歳以上の女性を，坑内で行われる業務のうち人力により行われる掘削の業務に就かせてはなりません（労働基準法第64条の2）。そのため本人の了解があったとしても，坑内で行われる人力掘削の業務に就かせてはなりません。したがって，❸が誤りです。

なお，使用者は満18歳に満たない者については，坑内で労働させてはなりません（労働基準法第63条）。そのため，満18歳未満の者については男女関係なく，またいかなる業務であっても, 坑内での労働は禁止されています。

18歳以上の女性を，坑内で人力により行われる掘削の業務に就かせてはなりません

18歳未満の男女を，坑内で労働させてはなりません

使用者は，これらの人たちが坑内に入場しないよう，制限します

　このように，トンネルなどの坑内での業務については，18歳未満の者や女性に対して細かく就業制限が設定されていますので，注意して覚えるようにしましょう。

『楽しく学べるマンガ基本テキスト』
→労働時間と就業制限 p.298 〜

正解 3

労働安全衛生法

計画の届出

チェック!! ☑ ☐ ☐ ☐ ☐

No.
63

労働基準監督署長に工事開始の 14 日前までに**計画の届出が必要のない工事**は，労働安全衛生法上，次のうちどれか。

❶ ずい道の内部に労働者が立ち入るずい道の建設の仕事

❷ 最大支間 50m の橋梁の建設の仕事

❸ 掘削の深さが 8m である地山の掘削の作業を行う仕事

❹ 圧気工法による作業を行う仕事

解 説

　労働基準監督署長に工事開始14日前までに届け出る必要のある仕事で主なものは, 以下のものです(労働安全衛生法第88条第3項, 同規則第90条)。

(1)　高さ31mを超える建築物又は工作物(橋梁を除く)の建設等の仕事

(2)　最大支間50m以上の橋梁の建設等の仕事……❷

(3)　最大支間30m以上50m未満の橋梁の上部構造の建設等の仕事

(4)　ずい道(トンネル)等の建設等の仕事(内部に労働者が立ち入らないものを除く)……❶

(5)　掘削の高さ又は深さが10m以上である地山の掘削の作業を行う仕事
　　　　　　　　　　　　　　　　　　　　　　　　　　　　　　……❸

(6)　圧気工法による作業を行う仕事……❹

(7)　掘削の高さ又は深さが10m以上の土石の採取のための掘削の作業を行う仕事

(8)　坑内掘りによる土石の採取のための掘削の作業を行う仕事

　したがって, ❸掘削の深さが8mである地山の掘削の作業を行う仕事は, 掘削の深さが10m未満であることから, 届け出る必要のない工事となります。

労働安全衛生法

作業主任者

チェック!! ✓ ☐ ☐ ☐ ☐

No.
64

　労働安全衛生法上，作業主任者の選任を**必要としない作業**は，次のうちどれか。

❶　高さが2m以上の構造の足場の組立て，解体又は変更の作業

❷　土止め支保工の切りばり又は腹起しの取付け又は取り外しの作業

❸　型枠支保工の組立て又は解体の作業

❹　掘削面の高さが2m以上となる地山の掘削作業

解　説

　作業主任者は，労働災害を防止するための管理を必要とする一定の作業について，その作業の区分に応じて選任が義務付けられているもので，指定された免許を有する者や技能講習を修了した者でなければなりません。作業主任者を選任しなければならない作業のうち，主なものは次のとおりです（労働安全衛生法第14条，同法施行令第6条）。

【作業主任者を選任しなければならない作業】

⑴高圧室内作業

⑵アセチレン溶接装置又はガス集合溶接装置を用いて行う金属の溶接，溶断又は加熱の作業

(3)コンクリート破砕器を用いて行う
破砕の作業

(4)掘削面の高さが2メートル以上と
なる地山の掘削……❹

2m以上

(5)土止め支保工の切りばり又は腹起
こしの取付け又は取り外しの作業
……❷

(6)型枠支保工の組立て又は解体の作
業……❸

(7)つり足場，張出し足場又は高さが
5メートル以上の構造の足場の組
立て，解体又は変更の作業

張出し足場　つり足場　本足場

(8)高さが5メートル以上の建築物の
骨組み又は塔で，金属製の部材で
構成されるものの組立て，解体又
は変更の作業

5m
以上　鉄骨

(9)高さが5メートル以上のコンク
リート造の工作物の解体又は破
壊の作業

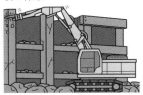

❷❸❹は作業主任者の選任を必要とする作業に該当しますが，❶の高さ
が2m以上の構造の足場の組立て，解体又は変更の作業については，規定で
は足場の高さは5m以上となっています。したがって，❶が作業主任者の
選任を必要としない作業に該当します。

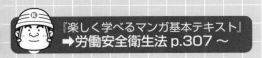

『楽しく学べるマンガ基本テキスト』
➡労働安全衛生法 p.307〜

正解 ❶

法
規

労働安全衛生法

労働安全衛生法

作業主任者

チェック‼ ☑ ☐ ☐ ☐ ☐

No.
65

作業主任者の**選任を必要としない作業**は，労働安全衛生法上，次のうちどれか。

❶ 土止め支保工の切りばり又は腹起こしの取付け又は取り外しの作業

❷ 掘削面の高さが2m以上となる地山の掘削の作業

❸ 道路のアスファルト舗装の転圧の作業

❹ 高さが5m以上のコンクリート造の工作物の解体又は破壊の作業

解 説

作業主任者を選任しなければならない作業のうち，主なものは次のとおりです（労働安全衛生法第14条, 同法施行令第6条）。

【作業主任者を選任しなければならない作業】

(1)高圧室内作業

(2)アセチレン溶接装置又はガス集合溶接装置を用いて行う金属の溶接，溶断又は加熱の作業

(3)コンクリート破砕器を用いて行う破砕の作業

(4)掘削面の高さが2メートル以上となる地山の掘削……❷

2m以上

(5)土止め支保工の切りばり又は腹起こしの取付け又は取り外しの作業……❶

(7)つり足場，張出し足場又は高さが5メートル以上の構造の足場の組立て，解体又は変更の作業

(9)高さが5メートル以上のコンクリート造の工作物の解体又は破壊の作業……❹

(6)型枠支保工の組立て又は解体の作業

(8)高さが5メートル以上の建築物の骨組み又は塔で，金属製の部材で構成されるものの組立て，解体又は変更の作業

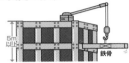

❶❷❹は作業主任者の選任を必要とする作業ですが，❸の道路のアスファルト舗装の転圧の作業については，作業主任者の選任を必要とする規定はありません。したがって，❸が作業主任者の選任を必要としない作業に該当します。

法規

労働安全衛生法

ポイント解説

「作業主任者の職務」

　作業主任者の職務は，それぞれの作業について労働安全衛生規則等の厚生労働省令に示されていますが，その多くは，①作業の直接指揮，②使用する機械等の点検，③機械等に異常を認めたときの必要な措置，④安全装置等の使用状況の監視等です。

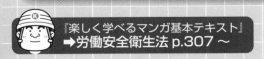

『楽しく学べるマンガ基本テキスト』
➡労働安全衛生法 p.307 〜

正解❸

労働安全衛生法

安全衛生教育

チェック‼ ✓ ☐ ☐ ☐ ☐

No. 66　　労働安全衛生法上，事業者が労働者に対して行わなければならない安全衛生教育に**該当しないもの**は次のうちどれか。

❶　労働者を雇い入れたときの安全衛生教育

❷　正月休み明けに作業を再開したときの安全衛生教育

❸　危険又は有害な業務で法令に定めるものに労働者をつかせるときの特別の安全衛生教育

❹　労働者の作業内容を変更したときの安全衛生教育

解 説

　事業者は，次のような場合に当該労働者に対し，その従事する業務に関する安全又は衛生のための教育を行う必要があります。

①労働者を雇い入れたとき（労働安全衛生法第59条第1項）……❶

②労働者の作業内容を変更したとき（労働安全衛生法第59条第2項）……❹

③危険又は有害な業務で，一定のものに労働者を従事させるとき（特別の安全衛生教育）（労働安全衛生法第59条第3項）……❸

④新たに職務につくことになった職長，その他の作業中の労働者を直接指導又は監督する者（作業主任者を除く）になったとき（労働安全衛生法第60条）

　❶❸❹は事業者が労働者に対して行わなければならない安全衛生教育に該当しますが，❷の正月休み明けに作業を再開したときの安全衛生教育については，労働安全衛生法による規定はありません。したがって，❷が該当しません。

『楽しく学べるマンガ基本テキスト』
➡労働安全衛生法 p.307 〜

正解 **2**

建設業法

建設業法全般

No.
67

建設業法に関する次の記述のうち，**誤っているもの**はどれか。

❶ 建設業とは，元請，下請その他いかなる名義をもってするかを問わず，建設工事の完成を請け負う営業をいう。

❷ 建設業者は，当該工事現場の施工の技術上の管理をつかさどる主任技術者を置かなければならない。

❸ 建設工事の施工に従事する者は，主任技術者がその職務として行う指導に従わなければならない。

❹ 公共性のある施設に関する重要な工事である場合，請負代金の額にかかわらず，工事現場ごとに専任の主任技術者を置かなければならない。

解 説

❶❷❸**正しい。**設問のとおり，正しいです。

❹**誤り。**公共性のある施設若しくは工作物又は多数の者が利用する施設若しくは工作物に関する重要な建設工事に設置される主任技術者又は監理技術者は，工事現場ごとに専任の者でなければなりません（建設業法第26条第3項）。ただし，監理技術者については，その職務を補佐する者を工事現場に専任で置くときは，2つの工事現場に限り兼任することができます（同ただし書，第26条第4項，施行令第29条）。公共性のある重要な建設工事とは，国や地方公共団体が注文者である等，又は工作物に関する建設工事であって，工事一件の請負金額が4,000万円（建築一式工事の場合は8,000万円）以上の工事をいい(施行令第27条第1項)，請負代金の額にかかわらず，専任の者でなければならないわけではありません。したがって，❹が誤りです。

「専任」

主任技術者

　専任とは，他の工事現場の職務を兼務せず，常時継続的に当該建設工事現場に係る職務にのみ従事していることをいいます。工事一件当たりの請負金額が大きく，公共性のある重要な建設工事の主任技術者又は監理技術者は，業務の掛け持ちが禁止されているということです。

※監理技術者については，その職務を補佐する者を工事現場に専任で置くときは，２つの工事現場に限り兼任することができます。

『楽しく学べるマンガ基本テキスト』
➡建設業法 p.314〜

正解 **4**

147

建設業法

建設業法全般

チェック!! ✓ ☐ ☐ ☐ ☐

No.
68　建設業法に関する次の記述のうち，**誤っているもの**はどれか。

❶　公共工事における専任の監理技術者は，発注者から請求があったときは，監理技術者資格者証を提示しなければならない。

❷　特定建設業者は，発注者から直接土木一式工事を請け負った場合において，その下請契約の請負代金の総額が 4,500 万円以上になるときは，主任技術者を置かなければならない。

❸　特定建設業者は，発注者から直接建設工事を請け負った場合において，その下請契約の請負代金の総額が 4,500 万円以上になるときは，施工体制台帳を作成し，工事現場ごとに備えて置かなければならない。

❹　建設工事を請け負った建設業者は，原則としてその工事を一括して他人に請け負わせてはならない。

解　説

❶❸❹**正しい。**設問のとおり，正しいです。

❷**誤り。**発注者から直接建設工事を請け負った特定建設業者は，当該建設工事を施工するために締結した下請契約の請負代金の額が4,500万円（建築一式工事の場合は7,000万円）以上になる場合においては，当該工事現場における建設工事の施工の技術上の管理を行う<u>監理技術者</u>を置かなければなりません（建設業法第26条第2項，同法施行令第7条の4）。したがって，❷が誤りです。

「主任技術者」「監理技術者」

「主任技術者」となり得る資格は以下のとおりです。

①高等学校卒業後５年以上，大学若しくは高等専門学校卒業後３年以上の実務経験を有する者(いずれも国土交通省の指定する学科を修めた者)

②上記以外の学歴で10年以上の実務経験を有する者

③国土交通大臣が①又は②に掲げる者と同等以上の知識及び技術又は技能を有するものと認定した者

  ❶ 建設業法による技術検定に合格した者（土木の場合は建設機械施工技士，１級土木施工管理技士，２級土木施工管理技士(土木)）

  ❷ 技術士法による試験のうち一定の部門に合格した者(土木の場合は建設部門，農業部門(農業農村工学)，森林部門(森林土木)，水産部門(水産土木)，総合技術監理部門(建設部門，農業農村工学，森林土木，水産土木))

「監理技術者」となり得る資格は以下のとおりです。

①建設業法による技術検定に合格した者、技術士法による免許を受けた者

  ❶ 建設業法による技術検定に合格した者(土木の場合は１級建設機械施工技士，１級土木施工管理技士)

  ❷ 技術士法による試験のうち一定の部門に合格した者(土木の場合は建設部門，農業部門(農業農村工学)，森林部門(森林土木)，水産部門(水産土木)，総合技術監理部門(建設部門，農業農村工学，森林土木，水産土木))

②主任技術者のうち，元請工事で請負代金が4,500万円以上の建設工事に関し２年以上指導監督的な実務経験を有する者

③国土交通大臣が①又は②に掲げる者と同等以上の能力を有するものと認定した者

特定建設業者が，発注者から直接工事を請け負い，そのうち4,500万円(建築一式工事は7,000万円)以上を下請施工させる場合は監理技術者を置かなくてはなりません。

監理技術者　主任技術者

建設業者は請け負った建設工事を施工するために主任技術者を置かなければなりません。

特定建設業者　　建設業者

　監理技術者は，主任技術者の資格を有する者であり，一定規模以上の建設工事に関して２年以上指導監督的な実務経験を有し，所定の監理技術者講習を受講した者をいいます。一定規模以上の工事においては監理技術者を置く必要があり，その判定は下請契約の請負代金によって規定されています。

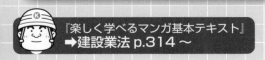

『楽しく学べるマンガ基本テキスト』
→建設業法 p.314～

正解 ❷

法規

建設業法

道路法・道路交通法
車両制限令

チェック!! ☑ ☐ ☐ ☐ ☐

No.
69

車両の最高限度に関する次の記述のうち，車両制限令上，**正しいもの**はどれか。

ただし，道路管理者が道路の構造の保全及び交通の危険の防止上支障がないと認めて指定した道路を通行する車両を除く。

❶ 車両の幅は，2.5 mである。

❷ 車両の輪荷重は，10 t である。

❸ 車両の高さは，4.5 mである。

❹ 車両の長さは，14 mである。

解　説

　道路法・車両制限令において、車両の幅、重量、高さ、長さ及び最小回転半径の最高限度は、次のとおり定められています（車両制限令第3条）。

① 　車両の幅　2.5m

② 　重量

・総重量　20 t（高速自動車国道又は道路管理者が道路の構造の保全及び交通の危険の防止上支障がないと認めて指定した道路を通行する車両は25ｔまで緩和される）

・軸重　10 t

・輪荷重　5 t

③ 　高さ　3.8m（道路管理者が道路の構造の保全及び交通の危険の防止上支障がないと認めて指定した道路を通行する車両は4.1ｍまで緩和される）

④ 　長さ　12m

⑤ 　最小回転半径　12m　（車両の最外側のわだちについて）

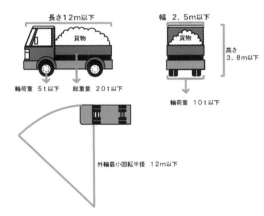

❶**正しい。**設問のとおり、正しいです。

❷❸❹**誤り。**❷車両の輪荷重は５ｔです。❸車両の高さは3.8mです。❹車両の長さは12mです。

『楽しく学べるマンガ基本テキスト』
➡道路法・道路交通法 p.319 ～

正解 **1**

道路法・道路交通法

車両制限令

No.
70

　車両の最高限度に関する次の記述のうち，車両制限令上，**誤っているもの**はどれか。

　ただし，高速自動車国道を通行するセミトレーラ連結車又はフルトレーラ連結車，及び道路管理者が国際海上コンテナの運搬用のセミトレーラ連結車の通行に支障がないと認めて指定した道路を通行する車両を除くものとする。

❶　車両の最小回転半径の最高限度は，車両の最外側のわだちについて12 mである。

❷　車両の長さの最高限度は，15 mである。

❸　車両の軸重の最高限度は，10 t である。

❹　車両の幅の最高限度は，2.5 mである。

解　説

　道路法・車両制限令において，車両の幅，重量，高さ，長さ及び最小回転半径の最高限度は，次のとおり定められています（車両制限令第3条）。
　①　車両の幅　2.5m
　②　重量
　・総重量　20t（高速自動車国道又は道路管理者が道路の構造の保全及び交通の危険の防止上支障がないと認めて指定した道路を通行する車両は25tまで緩和される）
　・軸重　10t
　・輪荷重　5t

③ 高さ　3.8m（道路管理者が道路の構造の保全及び交通の危険の防止
　　上支障がないと認めて指定した道路を通行する車両は4.1mまで緩和さ
　　れる）
④ 長さ　12m
⑤ 最小回転半径　12m　（車両の最外側のわだちについて）

したがって，❷が誤りです。

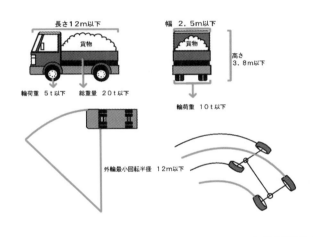

ポイント解説

「わだち」

　自動車が道に残した車輪の跡のことをわだち（轍）といいます。車両制限令
では，車両の幅や重量，高さ，長さの他，車両最外側のわだちについて最小回転
半径が規定されています。

『楽しく学べるマンガ基本テキスト』
➡道路法・道路交通法 p.319〜

正解 ❷

河川法

河川管理者の許可

チェック!! ✓ ☐ ☐ ☐ ☐

No. 71 　河川法上，河川区域内において，河川管理者の許可を**必要と** **しないもの**は次のうちどれか。

❶ 河川区域内に設置されているトイレの撤去

❷ 河川区域内の上空を横断する送電線の改築

❸ 河川区域内の土地を利用した鉄道橋工事の資材置場の設置

❹ 取水施設の機能維持のために行う取水口付近に堆積した土砂の排除

解 説

❶❷❸**必要。**河川管理者の許可が必要です。

❹**不要。**「取水施設の機能維持のために行う取水口付近に堆積した土砂の排除」は，政令で定める軽易な行為に該当し，河川管理者の許可は必要ない（河川法第27条第1項，同法施行令第15条の4第1項第2号）。したがって，❹が該当します。

ポイント解説

「河川管理者の許可①」

河川管理者の許可が必要な事項の例①

許可が必要

● 河川区域内の土地（上空を含む）を占用しようとする者（河川法第24条）

許可が必要

● 河川区域内の土地において土地の掘削，盛土若しくは切土その他土地の形状を変更する行為，又は竹木の栽植若しくは伐採をしようとする者（河川法第27条第1項）

許可不要

● 「取水施設の機能維持のために行う取水口付近に堆積した土砂の排除」は，政令で定める軽易な行為に該当し，河川管理者の許可は必要ない（河川法第27条第1項，同法施行令第15条の4第1項第2号）

許可が必要

● 河川区域内において砂を含む土石を採取しようとする者（河川法第25条）

法　規

河川法

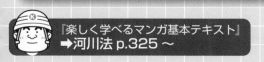

『楽しく学べるマンガ基本テキスト』
→河川法 p.325 ～

正解 4

155

河川法

河川法全般

No.
72

河川法に関する次の記述のうち，**誤っているもの**はどれか。

❶ 河川法上の河川としては，1級河川，2級河川，準用河川があり準用河川は市町村長が管理する。

❷ 河川区域内の土地では，工作物を新築，改築また除却しようとする者は河川管理者の許可を必要としない。

❸ 河川の地下を横断して下水道のトンネルを設置する場合は，河川管理者の許可を必要とする。

❹ 河川区域内の土地では，土地の掘削，盛土若しくは切土などの行為をしようとする者は原則として河川管理者の許可を必要とする。

解 説

❶❸❹**正しい。**設問のとおり，正しいです。

❷**誤り。**河川区域内の土地において工作物を新築し，改築し，又は除却しようとする者は，河川管理者の許可を受けなければなりません（河川法第26条第1項）。したがって，❷が誤りです。

「河川管理者の許可②」

河川管理者の許可が必要な事項の例②

許可が必要

●河川区域内の土地において工作物を新築し，改築し，又は除却しようとする者
（河川法第 26 条第 1 項）

　河川区域内では，工作物を新築や改築，除却しようとする場合は，工事のための仮設建物であっても，河川管理者の許可が必要です。

法
規

河川法

『楽しく学べるマンガ基本テキスト』
➡河川法 p.325 ～

正解 **2**

建築基準法

建築基準法全般

チェック!! ✓ ☐ ☐ ☐ ☐

No.
73
建築基準法に関する次の記述のうち，**誤っているもの**はどれか。

❶ 容積率は，敷地面積の建築物の延べ面積に対する割合をいう。

❷ 建築物の主要構造部は，壁，柱，床，はり，屋根又は階段をいう。

❸ 建築設備は，建築物に設ける電気，ガス，給水，冷暖房などの設備をいう。

❹ 建蔽率は，建築物の建築面積の敷地面積に対する割合をいう。

解 説

❶**誤り。**容積率とは，建築物の延べ面積の敷地面積に対する割合をいいます（建築基準法第52条第1項）。設問は，延べ面積と敷地面積が逆に表記されています。したがって，❶が誤りです。
❷❸❹**正しい。**設問のとおり，正しいです。

「容積率」「建蔽率」

$$容積率 = \frac{延べ面積}{敷地面積} \times 100 （\%）$$

　容積率は市街地の過密化防止が主たる目的で，用途地域ごとに上限値が規定されています。延べ面積とは，各階の床面積の合計のことです。

$$建蔽率 = \frac{建築面積}{敷地面積} \times 100 （\%）$$

　建蔽率は火災の延焼防止が主たる目的で，用途地域ごとに上限値が規定されています。建築面積とは，建築物の外壁等の中心線で囲まれた部分の水平投影面積のことです。

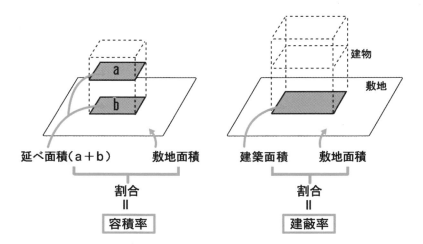

延べ面積（a＋b）　　敷地面積

割合
＝
容積率

建築面積　　敷地面積

割合
＝
建蔽率

建物

敷地

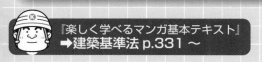

『楽しく学べるマンガ基本テキスト』
➡建築基準法 p.331 〜

正解 1

建築基準法

建築基準法全般

チェック‼ ☑ ☐ ☐ ☐ ☐

No.
74

建築基準法に関する次の記述のうち，**正しいもの**はどれか。

❶ 建蔽率とは，建築物の延べ面積の敷地面積に対する割合をいう。

❷ 容積率とは，建築面積の敷地面積に対する割合をいう。

❸ 建築物の敷地は，原則として幅員4メートル以上の道路に4メートル以上接しなければならない。

❹ 敷地面積の算定は，敷地の水平投影面積による。

解 説

❶**誤り。**建蔽率とは，建築物の建築面積の敷地面積に対する割合をいいます（建築基準法第53条第1項）。設問は，容積率の説明です。

❷**誤り。**容積率とは，建築物の延べ面積の敷地面積に対する割合をいいます（建築基準法第52条第1項）。設問は，建築面積の敷地面積に対する割合ですので建蔽率の説明です。

❸**誤り。**建築物の敷地は，原則として幅員4メートル以上の道路に2メートル以上接しなければなりません（建築基準法第43条第1項，第42条第1項）。

❹**正しい。**敷地面積の算定は，敷地の水平投影面積によります（建築基準法施行令第2条第1項）。したがって，❹が正しいです。

「敷地面積」

　敷地面積は, 水平投影面積（真上から見たときの面積）によりますので, 傾斜地においては下図のような面積となります。

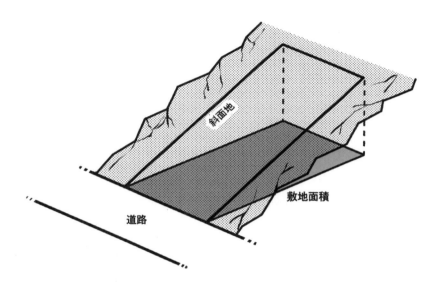

斜面地

敷地面積

道路

法　規

建築基準法

火薬類取締法

火薬類の取扱い

チェック‼ ☑ ☐ ☐ ☐ ☐

No.
75
　　火薬類の取扱いに関する次の記述のうち，火薬類取締法上，**誤っているもの**はどれか。

❶　消費場所で火薬類を取り扱う者は，腕章を付ける等他の者と容易に識別できる措置を講じなければならない。

❷　火薬庫内に入る場合には，搬出入装置を有する火薬庫を除いて土足で入ることは禁止されている。

❸　火薬類を装てんする場合の込物は，砂その他の発火性又は引火性のないものを使用し，かつ，摩擦，衝撃，静電気等に対して安全な装てん機，又は装てん具を使用する。

❹　工事現場に設置した2級火薬庫に火薬と導火管付き雷管を貯蔵する場合は，管理を一元化するために同一火薬庫に貯蔵しなければならない。

解　説

❶❷❸**正しい。**設問のとおり，正しいです。

❹**誤り。**1級火薬庫，2級火薬庫においては，火薬・爆薬と電気雷管（導火管付き雷管）を同一の火薬庫に貯蔵してはなりません（火薬類取締法施行規則第19条第1項）。したがって，❹が誤りです。

「火薬庫」

　火薬庫を設置，移転，又はその構造若しくは設備を変更しようとするものは，都道府県知事の許可を受けなければなりません（火薬類取締法第12条）。火薬庫には１級火薬庫，２級火薬庫，３級火薬庫などがあり，このうち２級火薬庫は，土木工事などのために一時的に設けられるものをいいます（火薬類取締法施行規則第17条，第19条第３項）。

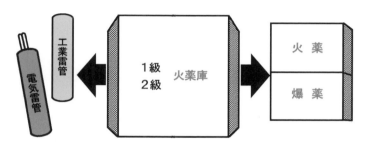

１級火薬庫，２級火薬庫は，火薬・爆薬と雷管を別々に貯蔵する

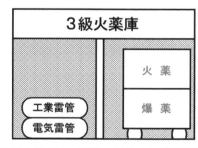

３級火薬庫は，障壁で区分すれば同時に貯蔵できる

　火薬庫については安全性の観点から厳しく規定されており，１級と２級の火薬庫においては，火薬・爆薬と雷管を別々に貯蔵する**必要があります。**

『楽しく学べるマンガ基本テキスト』
→火薬類取締法 p.340〜

正解 ④

法規

火薬類取締法

騒音規制法

特定建設作業

チェック!! ☑ ☐ ☐ ☐ ☐

No.
76

　　騒音規制法上，建設機械の規格等にかかわらず特定建設作業の**対象とならない作業**は，次のうちどれか。
　　ただし，当該作業がその作業を開始した日に終わるものを除く。

❶　さく岩機を使用する作業

❷　圧入式杭打杭抜機を使用する作業

❸　バックホゥを使用する作業

❹　ブルドーザを使用する作業

解　説

　騒音規制法で定められている特定建設作業は次のとおりです（騒音規制法第2条第3項，同法施行令第2条・別表第二）。

特定建設作業	条件	適用除外	イメージ
くい打機，くい抜機又は**くい打くい抜機**を使用する作業	なし	・くい打機はもんけんを除く ・圧入式くい打くい抜機を除く ・くい打機をアースオーガーと併用する作業を除く	
びょう打機を使用する作業	なし	なし	

さく岩機を使用する作業	・作業地点が連続的に移動する作業にあっては，1日における当該作業に係る2地点間の最大距離が50mを超えない作業に限る	なし	
空気圧縮機を使用する作業	・電動機以外の原動機を用いるもので，その原動機の定格出力が15kW以上のものに限る	・さく岩機の動力として使用する作業を除く	
コンクリートプラント，アスファルトプラントを設けて行う作業	・コンクリートプラントは混練機の混練容量が0.45㎥以上のものに限る ・アスファルトプラントは混練機の混練重量が200kg以上のものに限る	・モルタルを製造するためにコンクリートプラントを設けて行う作業を除く	

※バックホウ，トラクターショベル，ブルドーザーを使用する作業も，原動機の定格出力が一定以上のものに限り該当します。

　❶❸❹は上記のとおり規格等の条件により特定建設作業の対象となる作業に該当しますが，❷圧入式杭打杭抜機を使用する作業は，特定建設作業の対象となる作業に該当しません。したがって，❷が特定建設作業の対象とならない作業です。

ポイント解説

「特定建設作業」

●土木用語解説

　建設工事として行われる作業のうち，著しい騒音を発生する作業であって政令で定める上記のものをいいます。ただし，作業を開始した日に終わるものは除外されます（騒音規制法施行令第2条）。

『楽しく学べるマンガ基本テキスト』
➡騒音規制法 p.349 ～

正解 ❷

騒音規制法

騒音の規制基準

チェック‼ ✓ ☐ ☐ ☐ ☐

No.
77
　　騒音規制法上，指定地域内において行われる特定建設作業の騒音の測定場所として，次のうち**正しいもの**はどれか。

❶ 特定建設作業の場所の敷地の中心地

❷ 特定建設作業の場所の敷地の境界線

❸ 特定建設作業の機械施工箇所

❹ 特定建設作業の場所に最も近い民家や病院の建物の内側

解　説

　　騒音規制法上，指定地域内において行われる特定建設作業の規制基準は，特定建設作業を実施する場所の敷地の境界線における大きさの許容限度をいいます。したがって，❷が正しいです。

「騒音規制法の規制基準」

　騒音規制法における特定建設作業の騒音の規制基準は，**作業場所の敷地の境界線の地点で85デシベル**を超えるものでないことと定められています。また，特定建設作業の騒音は，日曜日と休日は発生させてはなりません。平日も午後7時から午前7時までは発生させてはなりません。

特定建設作業に伴って発生する騒音の規制基準

騒音の大きさ	敷地境界線において85デシベルを超えないこと
作業禁止時間	第1号区域※1：午後7時～翌日午前7時まで 第2号区域※2：午後10時～翌日午前6時まで
1日の作業時間	第1号区域：10時間以内 第2号区域：14時間以内
作業期間	連続して6日以内
作業禁止日	日曜日と休日

※1　第1号区域：指定区域のうち，次のいずれかに該当する区域として都道府県知事（市の区域内では，市長）が指定した区域
①良好な住居の環境を保全するため，特に静穏の保持を必要とする区域
②住居の用に供されているため，静穏の保持を必要とする区域
③住居の用に併せて商業，工業等の用に供されている区域であって，相当数の住居が集合しているため，騒音の発生を防止する必要がある区域
④学校，保育所，病院及び診療所（患者を入院させるための施設を有するもの），図書館，特別養護老人ホーム並びに幼保連携型認定こども園の敷地の周囲おおむね80mの区域内
※2　第2号区域：指定区域のうち，第1号区域以外の区域

法
規

騒音規制法

『楽しく学べるマンガ基本テキスト』
➡騒音規制法 p.349 ～

正解 **2**

騒音規制法
特定建設作業の実施の届出

チェック‼ ✓ ☐ ☐ ☐ ☐

No.
78
　　騒音規制法上，指定地域内における特定建設作業を伴う建設工事を施工しようとする者が行う，特定建設作業の実施に関する届出先として，**正しいもの**は次のうちどれか。

❶　環境大臣

❷　都道府県知事

❸　市町村長

❹　労働基準監督署長

解　説

　指定地域内において特定建設作業を伴う建設工事を施工しようとする者は，必要な事項を市町村長に届け出なければなりません（騒音規制法第14条第1項）。したがって，❸が正しいです。

「特定建設作業の実施の届出」

　指定地域内において特定建設作業を伴う建設工事を施工しようとする者は，当該特定建設作業の開始の日の**7日前**までに，必要な事項を**市町村長**に届け出なければなりません（騒音規制法第14条第1項）。また災害やその他，非常事態の発生により特定建設作業を緊急に行う必要がある場合は，届出を行いうる状況になり次第，速やかに届け出なければなりません（騒音規制法第14条第1項ただし書・第2項）。

『楽しく学べるマンガ基本テキスト』
➡騒音規制法 p.349 〜

正解 ③

重要度

AA

出題年度
R2-41

振動規制法

振動の規制基準

チェック‼ ☑ ☐ ☐ ☐ ☐

No.
79
　　　振動規制法上，特定建設作業の規制基準に関する測定位置と振動の大きさに関する次の記述のうち，**正しいもの**はどれか。

❶　特定建設作業の場所の中心部で 75 dB を超えないこと。

❷　特定建設作業の場所の敷地の境界線で 75 dB を超えないこと。

❸　特定建設作業の場所の中心部で 85 dB を超えないこと。

❹　特定建設作業の場所の敷地の境界線で 85 dB を超えないこと。

解　説

　　振動規制法に定められている特定建設作業の振動の規制基準における測定位置と振動の大きさは，特定建設作業の場所の敷地の境界線において，75デシベルを超えないこと，と定められています（振動規制法施行規則別表第一）。したがって，❷が正しいです。

「振動規制法の規制基準」

　振動規制法における特定建設作業の振動の規制基準は，作業場所の敷地の境界線で75デシベルを超えるものでないことと定められています。

敷地境界線

　騒音規制法と振動規制法の規制基準では，測定位置はどちらも作業場所の敷地の境界線で同じですが，騒音規制法における騒音の大きさは85デシベル，振動規制法における振動の大きさは75デシベルと異なっていますので，この2つの法律は対比して覚えるようにしましょう。

　なお，振動規制法において定められている特定建設作業は騒音規制法とは少し異なり，以下のように規定されています（振動規制法第2条第3項，同法施行令第2条・別表第二）。

① 　くい打機（もんけん及び圧入式くい打機を除く），くい抜機（油圧式くい抜機を除く）又はくい打くい抜機（圧入式くい打くい抜機を除く）を使用する作業
② 　鋼球を使用して建築物その他の工作物を破壊する作業
③ 　舗装版破砕機を使用する作業（作業地点が連続的に移動する作業にあっては，1日における当該作業に係る2地点間の最大距離が50mを超えない作業に限る）
④ 　ブレーカー（手持式のものを除く）を使用する作業（作業地点が連続的に移動する作業にあっては，1日における当該作業に係る2地点間の最大距離が50mを超えない作業に限る）

法規

振動規制法

『楽しく学べるマンガ基本テキスト』
➡振動規制法 p.355 ～

正解 2

振動規制法

改善勧告又は命令

チェック!! ✓ ☐ ☐ ☐ ☐

No.
80

振動規制法上，指定地域内において行われる特定建設作業の施工者に対し，振動防止の方法の改善勧告又は命令を出すことのできる者として，次のうち**正しいもの**はどれか。

❶ 環境大臣

❷ 都道府県知事

❸ 市町村長

❹ 所轄警察署長

解　説

　市町村長は，指定地域内において行われる特定建設作業に伴って発生する振動が基準に適合しないことによりその特定建設作業の場所の周辺の生活環境が著しく損なわれると認めるときは，建設工事を施工する者に対し，期限を定めて，振動の防止の方法を改善し，又は特定建設作業の作業時間を変更すべきことを勧告することができます。また市町村長は，勧告を受けた者がその勧告に従わないで特定建設作業を行っているときは，期限を定めて，その勧告に従うべきことを命ずることができます（振動規制法第15条第1項・第2項）。したがって，❸が正しいです。

「振動規制法の改善勧告・命令」

市町村長

　振動規制法における特定建設作業の届出先，及び改善勧告や命令を出せる者も騒音規制法と同様に市町村長となっています。このように，騒音規制法と振動規制法では共通するところと異なるところがありますので，対比して覚えるようにしましょう。

法　規

振動規制法

『楽しく学べるマンガ基本テキスト』
➡振動規制法 p.355 〜

正解 ③

航路・航法

チェック!! ✓ ☐ ☐ ☐ ☐

No. 81
　　港則法上，港内及び航路内での航行に関する次の記述のうち，**誤っているもの**はどれか。

❶　航路内において他の船舶と行き会うときは，右側を航行しなければならない。

❷　航路外から航路に入ろうとするときは，航路を航行する他の船舶の進路を避けなければならない。

❸　港内において停泊船舶を右げんに見て航行するときは，できるだけこれに近寄って航行しなければならない。

❹　航路内において他の船舶を追い越すときは，汽笛を鳴らしながら右側を追い越さなければならない。

解　説

❶❷❸**正しい。**設問のとおり，正しいです。

❹**誤り。**船舶は，航路内において，他の船舶を追い越してはなりません（港則法第13条第4項）。したがって，❹が誤りです。

ポイント解説

「航法①」

【港則法第13条】

航路外から航路に入り，又は航路から航路外に出ようとする船舶は，航路を航行する他の船舶の進路を避けなければならない（第1項）。……❷

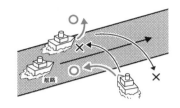

船舶は，航路内においては，並列して航行してはならない（第2項）。

船舶は，航路内において，他の船舶と行き会うときは，右側を航行しなければならない（第3項）。……❶

船舶は，航路内においては，他の船舶を追い越してはならない（第4項）。……❹

　航路とは，一定幅の水深が確保された出入口を持った船舶の通行水域のことをいいます。船舶は，航路内では上記のルールに沿って航行しなければなりません。

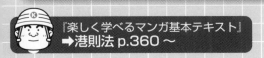

『楽しく学べるマンガ基本テキスト』
➡港則法 p.360 ～

正解 **4**

法規

港則法

175

港則法

港則法全般

No.
82

港則法上，特定港内の船舶の航路及び航法に関する次の記述のうち，**誤っているもの**はどれか。

❶ 汽艇等以外の船舶は，特定港に出入りし，又は特定港を通過するには，国土交通省令で定める航路によらなければならない。

❷ 船舶は，航路内においては，原則として投びょうし，又はえい航している船舶を放してはならない。

❸ 船舶は，航路内において，他の船舶と行き会うときは，左側を航行しなければならない。

❹ 航路から航路外に出ようとする船舶は，航路を航行する他の船舶の進路を避けなければならない。

解 説

❶❷❹**正しい。**設問のとおり，正しいです。

❸**誤り。**船舶は，航路内において，他の船舶と行き会うときは，右側を航行しなければなりません（港則法第13条第3項）。したがって，❸が誤りです。

「航法②」

【港則法第13条】

航路外から航路に入り，又は航路から航路外に出ようとする船舶は，航路を航行する他の船舶の進路を避けなければならない（第1項）。……❹

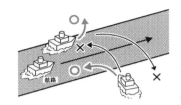

船舶は，航路内においては，並列して航行してはならない（第2項）。

船舶は，航路内において，他の船舶と行き会うときは，右側を航行しなければならない（第3項）。……❸

船舶は，航路内においては，他の船舶を追い越してはならない（第4項）。

法規

港則法

『楽しく学べるマンガ基本テキスト』
➡港則法 p.360〜

正解 **3**

施工管理

測 量

水準測量の観測方法

チェック!! ✓ ☐ ☐ ☐ ☐

No.
83

レベルを用いて2点間の高低差を求める水準測量の観測方法に関する次の記述のうち，**適当でないもの**はどれか。

❶ 2点間のほぼ中点にレベルを設置する。

❷ レベルを設置した後，地面からレベルまでの高さを読み取る。

❸ 高低差を求める2点にそれぞれスタッフ（標尺）を鉛直に立てる。

❹ レベル望遠鏡から標尺に印された目盛を読み取り，2点間の高低差を求める。

解 説

❶❸❹**適当。**設問のとおり，適当です。

❷**不適当。**水準測量は，高低差を求める2地点に標尺を立て，そのほぼ中間点にレベルを置いて2つの標尺の目盛を読みとり，その差から2地点間の高低差を求めるもので，地面からレベルまでの高さを読む必要はありません。したがって，❷が不適当です。

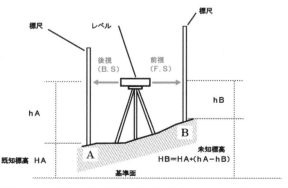

「レベル」「標尺」

　水準測量に用いる機器を**レベル**といいます。レベルの視準線が水平になるように設置し，鉛直に立てられた**標尺**の目盛を読み取ることで2地点間の高低差を求めることができます。

標尺

レベル

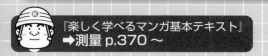

『楽しく学べるマンガ基本テキスト』
→測量 p.370～

正解 **2**

測量

水準測量の計算

重要度
AAA

出題年度
R3-43

チェック!! ✓ ☐ ☐ ☐ ☐

No.
84

　下図のように No.0 から No.3 までの水準測量を行い，図中の結果を得た。**No.3 の地盤高は次のうちどれか。** なお，No.0 の地盤高は 12.0 m とする。

❶　10.6 m

❷　10.9 m

❸　11.2 m

❹　11.8 m

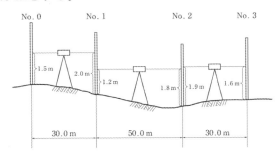

解　説

　水準測量において，標高がわかっているNo.0から，離れた場所にあるNo.3の標高を求める場合は，図のようにNo.1，2の順にレベルと標尺を移動しながら後視と前視を計測し，以下の計算式により求めることができます。

求める測点の地盤高 　＝ 　既知点の地盤高 　＋（後視の合計−前視の合計）

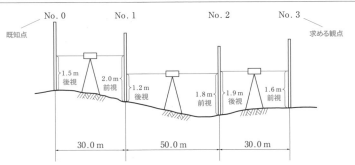

・既知点（No.0）の地盤高 ⋯⋯⋯⋯⋯ 12.0m
・後視の合計⋯⋯⋯⋯⋯⋯⋯⋯⋯⋯⋯ 1.5＋1.2＋1.9 ＝ 4.6m
・前視の合計⋯⋯⋯⋯⋯⋯⋯⋯⋯⋯⋯ 2.0＋1.8＋1.6 ＝ 5.4m
これらの数値を上記の計算式に代入すると，
・求める測点（No.3）の地盤高　＝　12.0m＋（4.6m－5.4m）
　　　　　　　　　　　　　　　＝　12.0m－ 0.8m
　　　　　　　　　　　　　　　＝　11.2m
したがって，❸11.2mがNo.3の地盤高となります。

「前視」「後視」

　水準測量で，高さ未知の測点に立てた標尺の読みを前視（F.S）といい，高さ既知の測点に立てた標尺の読みを後視（B.S）といいます。未知点の標高は，以下のように後視と前視との差を計算することで求めることができます。

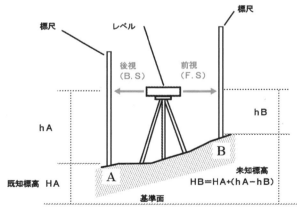

施工管理

測量

『楽しく学べるマンガ基本テキスト』
➡測量 p.370 ～

正解❸

測 量

水準測量の計算

チェック‼ ☑ ☐ ☐ ☐ ☐

No.
85

測点 No.5 の地盤高を求めるため，測点 No.1 を出発点として水準測量を行い下表の結果を得た。**測点 No.5 の地盤高は，**次のうちどれか。

測点 No.	距離 (m)	後視 (m)	前視 (m)	高低差（m） +	高低差（m） −	備考
1		0.8				測点 No.1…地盤高 8.0m
	20					
2		1.6	2.2			
	30					
3		1.5	1.8			
	20					
4		1.2	1.0			
	30					
5			1.3			測点 No.5…地盤高☐m

❶ 6.4 m

❷ 6.8 m

❸ 7.2 m

❹ 7.6 m

解 説

　水準測量において，標高がわかっている測点No.1から，離れた場所にある測点No.5の標高を求める場合は，もりかえ点における後視と前視を計測し，以下の計算式により求めることができます。

> 求める測点の地盤高＝既知点の地盤高＋（後視の合計−前視の合計）

・既知点（測点No.1）の地盤高 … 8.0m

・後視（1・2・3・4）の合計 …… 0.8m＋1.6m＋1.5m＋1.2m＝5.1m

・前視（2・3・4・5）の合計 …… 2.2m＋1.8m＋1.0m＋1.3m＝6.3m

これらの数値を上記計算式に代入すると，
・求める測点（測点No.2）の地盤高　＝8.0m＋（5.1m－6.3m）
　　　　　　　　　　　　　　　　＝8.0m－1.2m
　　　　　　　　　　　　　　　　＝6.8m

したがって，❷6.8mがNo.2の地盤高となります。

ポイント解説

「前視」「後視」

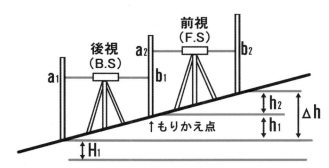

$$H \;=\; H1 \qquad +\; \{\Sigma(B.S)-\Sigma(F.S)\}$$

求める測点の地盤高＝既知点の地盤高　＋　（後視の合計－前視の合計）

　水準測量の計算問題はよく出題されていますので，過去問題を使って繰り返し計算して問題に慣れるようにしましょう。

『楽しく学べるマンガ基本テキスト』
➡測量 p.370 ～

正解❷

契約・設計図書
公共工事標準請負契約約款

チェック‼ ☑ ☐ ☐ ☐ ☐

No.
86

公共工事標準請負契約約款に関する次の記述のうち，**誤っているもの**はどれか。

❶ 工期の変更については，原則として発注者と受注者の協議は行わずに発注者が定め，受注者に通知する。

❷ 受注者は，天候の不良など受注者の責めに帰すことができない事由により工期内に工事を完成することができないときは，発注者に工期の延長変更を請求することができる。

❸ 発注者は，特別の理由により工期を短縮する必要があるときは，工期の短縮変更を受注者に請求することができる。

❹ 発注者は，必要があると認めるときは，工事の中止内容を受注者に通知して，工事の全部又は一部の施工を一時中止させることができる。

解　説

❶**誤り。**工期の変更については，発注者と受注者とが協議して定めます。ただし，協議開始の日から一定期日以内に協議が整わない場合には，発注者が定め受注者に通知します。そのため，協議を行わずに発注者が定めることは原則としてありません。したがって，❶が誤りです。
❷❸❹**正しい。**設問のとおり，正しいです。

「発注者と受注者との協議事項」

　公共工事標準請負契約約款では，以下のような点が発注者と受注者との協議事項として定められています。

- ●工期内にインフレーション等のため著しく請負代金額が不適当となったときの請負代金額の変更（第26条）について
- ●第22条の受注者の請求による工期の延長日数について
- ●受注者は，災害防止等の必要が生じた時は，臨機の措置をとらなければならないが，この場合に要した費用の負担（第27条）について
- ●発注者は，必要があると認めたときは工事の中止等を受注者に申し出ることができるが，この場合の工期または請負代金額の変更あるいは賠償額等（第20条）について
- ●天災その他の不可抗力等，発注者・受注者両者の責任にすることができないものにより，工事の出来形部分等に損害が生じた場合には発注者が負担するが，その損害額（第30条）について

発注者と受注者との協議事項としては，これらがあります。

施工管理

契約・設計図書

『楽しく学べるマンガ基本テキスト』
→設計図書・契約 p.383 〜

正解 1

契約・設計図書
公共工事標準請負契約約款

チェック!! ✓ ☐ ☐ ☐ ☐

No.
87
　　公共工事における公共工事標準請負契約約款に関する次の記述のうち，**誤っているもの**はどれか。

❶　現場代理人は，工事現場における運営などに支障がなく発注者との連絡体制が確保される場合には，現場に常駐する義務を要しないこともあり得る。

❷　受注者は，必要に応じて工事の全部を一括して第三者に請け負わせることができる。

❸　受注者は，契約書及び設計図書に特別の定めがない場合には仮設，施工方法その他工事目的物を完成するために必要な一切の手段を，自らの責任において定める。

❹　受注者は，工事の完成，設計図書の変更等によって不用となった支給材料は発注者に返還しなければならない。

解　説

❶❸❹**正しい。** 設問のとおり，正しいです。

❷**誤り。** 受注者は，工事の全部もしくはその主たる部分（又は他の部分から独立してその機能を発揮する工作物の工事）を一括して第三者に委任し，又は請け負わせてはなりません。したがって，❷が誤りです。

「発注者と受注者との協議事項」

あとは一括してまかせたから，よろしく頼むよ！

建設業者

下請

工事の責任が不明確になるから，一括して下請負をさせてはならない

発注者

工事
↓
受注者
↓（×）
第三者

　公共工事では公共工事標準請負契約約款において工事の一括下請負は禁止されており，建設業法※においても同様に禁止されています（公共工事標準請負契約約款第6条）。

※　元請負人があらかじめ発注者の書面による承諾を得たときを除く（建設業法第22条第3項）

施工管理

契約・設計図書

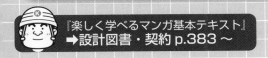

契約・設計図書

公共工事標準請負契約約款

チェック‼ ☑ ☐ ☐ ☐ ☐

No. 88 　公共工事標準請負契約約款に関する次の記述のうち，**誤っているもの**はどれか。

❶ 　監督員の契約の履行の指示は，主任技術者に対して行わなければならない。

❷ 　発注者と受注者は，各々の対等な立場における合意に基づいて公正な請負契約を締結し，誠実に履行しなければならない。

❸ 　現場代理人と主任技術者及び監理技術者は，これを兼ねることができる。

❹ 　工事の仮設方法は，契約書や設計図書に特に定めがない場合，受注者の自己責任において自由に定めることができる。

解 説

❶**誤り。**現場代理人は，契約の履行に関し工事現場に常駐し，その運営，取締り等，請負者の一切の権限を行使することができます。そのため，監督員の契約の履行の指示は，主任技術者ではなく現場代理人に対して行わなければなりません。したがって，❶が誤りです。

❷❸❹**正しい。**設問のとおり，正しいです。

現場代理人の主な職務及び権限

● 工事現場の風紀を維持すること。
● 工事を施工する上で必要とされる安全管理を行う。
● 工事を施工する上で必要とされる労務管理を行う。

「監督員」「現場代理人」

　発注者は，監督員を置いたときはその氏名を受注者に通知しなければならず，監督員は契約の履行について現場代理人に対する指示，承諾又は協議などの権限を有します（公共工事標準請負契約約款第９条）。

　発注者は監督員を置き，受注者は現場代理人を定め，それぞれ定められた権限に基づいて工事を進めています。

『楽しく学べるマンガ基本テキスト』
➡設計図書・契約 p.383 〜

正解 1

施工管理

契約・設計図書

契約・設計図書

設計図書

チェック!! ✓ ☐ ☐ ☐ ☐

No.
89
　　公共工事で発注者が示す設計図書に**該当しないもの**は，次の
うちどれか。

❶　現場説明書

❷　現場説明に対する質問回答書

❸　設計図面

❹　施工計画書

解　説

　設計図書は，契約書と共に発注者から示された契約条件であり，契約書に添付される❸設計図面，仕様書(共通仕様書・特記仕様書)，❶現場説明書，❷質問回答書のことをいいます。❹施工計画書は，契約書と設計図書に基づいて，具体的な施工方法と手順について請負者が作成するものであるため，設計図書には含まれません。したがって，❹が設計図書に該当しないものです。

「契約書類」

●契 約 書：工事名，工期，請負代金等の主な契約内容を示すもの
であり，発注者と受注者の契約上の権利・義務を明確
に定めるもの
 ●契約書に記載される事項：工事名，工事場所，工期，
 請負代金額，契約保証金，発注者住所氏名，請負人
 住所氏名，保証人住所氏名等

●約 款：請負代金額の変更，契約の解除理由等をはじめとする
発注者と受注者の権利・義務の内容に関する契約条項
で定型化し得るもの

●設計図書：工事目的物の形状等を指示する技術的事項等，個別的
に異なる詳細な事項を示すもの
 ●仕様書：工事施工に際し，履行すべき技術的要求を
 示すものであり，工事をするために必要な
 工事の基準を詳細に説明した文書
 ●図 面：設計者の意思を一定の規約に基づいて図示
 した書面で，通常，設計図と呼び，基本設
 計図及び概略設計図等も含まれる
 ●現場説明書，質問回答書：
 入札参加者に対してなされる現場説明及び
 図面及び仕様書に表示し難い見積条件の説
 明を書面に示したものであるので，契約締
 結後も拘束力がある

　施工計画書は，請負者が契約後に作成するものですので，契約書類である設
計図書には含まれません。

『楽しく学べるマンガ基本テキスト』
➡設計図書・契約 p.383 ～

正解 **4**

施工管理

契約・設計図書

施工計画

施工計画書の作成

チェック!! ☑ ▢ ▢ ▢ ▢

No.
90
　　施工計画書の作成に関する次の記述のうち，**適当でないもの**はどれか。

❶　施工計画書の作成は，仕様書の内容と直接関係ないが，施工条件を理解することが重要である。

❷　施工計画書の作成は，進入道路，工事用電力，水道などの仮設備計画の検討が必要である。

❸　施工計画書の作成は，使用機械の選定を含む施工順序と施工方法の検討が必要である。

❹　施工計画書の作成は，現場条件が大きく影響するのでその状況を確認することが重要である。

解　説

❶**不適当**。施工計画書の作成は，設計図書や仕様書，契約書について，それらの内容，現地条件への適応性などについて検討し，施工条件をよく理解して作成することが重要です。したがって，❶が不適当です。
❷❸❹**適当**。設問のとおり，適当です。

「設計図書」

設 計 図 書
●設計図
●設計書
●共通仕様書
●予定工程表
●現場説明書
●支給品又は貸与品調書及び質問回答書など

　施工計画書の作成にあたっては，設計図や仕様書等の設計図書の内容について検討し，工事内容を十分に理解したうえで，発注者との間に誤解を生じないようにすることが重要です。

『楽しく学べるマンガ基本テキスト』
➡施工計画 p.398 〜

正解 1

施工計画
施工計画の立案

チェック!! ☑ ☐ ☐ ☐ ☐

No.
91
　　施工計画作成の留意事項に関する次の記述のうち，**適当でな
いもの**はどれか。

❶　施工計画は，企業内の組織を活用して，全社的な技術水準で検討する。

❷　施工計画は，過去の同種工事を参考にして，新しい工法や新技術は考
慮せずに検討する。

❸　施工計画は，経済性，安全性，品質の確保を考慮して検討する。

❹　施工計画は，一つのみでなく，複数の案を立て，代替案を考えて比較
検討する。

解　説

❶❸❹**適当。**設問のとおり，適当です。

❷**不適当。**施工計画は，過去の同種工事における実績や経験を生かすととも
に，新しい方法や改良も考慮し，現場に合った計画を立てることが重要です。
したがって，❷が不適当です。

「施工計画の立案」

　施工計画は, 契約条件と現場条件を十分確認したうえで, 少人数の担当者だけで行うのではなく, 幅広く全社的な意見を取り入れて検討を行い, 新技術や新工法の採用も考慮し, 全体的にバランスのとれた無理のないものにすることが重要です。

『楽しく学べるマンガ基本テキスト』
➡施工計画 p.398 ～

正解 **2**

施工計画

工程・原価・品質の一般的関係

チェック!! ☑ ☐ ☐ ☐ ☐

No.
92

下図は土木工事の施工管理における工程・原価・品質の一般的関係を示したものであるが，次の記述のうち，**適当でないも**のはどれか。

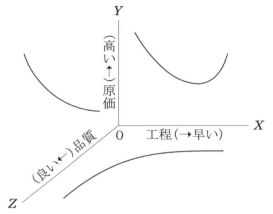

工程・原価・品質の関係

❶ 一般に工程の施工速度を極端に速めると，単位施工量当たりの原価は安くなる。

❷ 一般に工程の施工速度を遅らせて施工量を少なくすると，単位施工量当たりの原価は高くなる。

❸ 一般に品質をよくすれば，原価は高くなる。

❹ 一般に品質のよいものを得ようとすると，工程は遅くなる。

解　説

❶不適当。一般に工程の施工速度を極端に速めようとすると，過度な人員や機械設備の投入が必要となり突貫工事となるため，単位施工量当たりの原価は高くなります。したがって，**❶**が不適当です。

❷❸❹適当。設問のとおり，適当です。

ポイント解説

「最適工期」

　施工管理における原価は，一般に施工速度を遅らせて施工量を少なくすると高くなり，施工速度を極端に速めても突貫工事となり高くなります。そのため，最も安く施工できる施工速度があり，その工期を最適工期といいます。

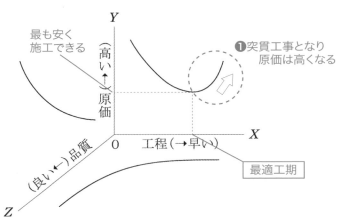

最も安く施工できる

❶突貫工事となり原価は高くなる

Y（高い↑）原価

工程（→早い）X

（良い←）品質

Z

最適工期

工程・原価・品質の関係

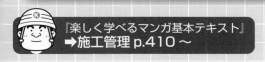

『楽しく学べるマンガ基本テキスト』
→施工管理 p.410〜

正解 **1**

重要度

AA

出題年度
H21-50

工程管理

工程管理全般

チェック‼ ☑ ☐ ☐ ☐ ☐

> **No. 93** 工程管理の基本的な考え方に関する次の記述のうち，**適当でないもの**はどれか。

❶ 工程管理では，実施工程が計画工程よりもやや下回るように管理する。

❷ 計画工程と実施工程の間に生じた差を修正する場合は，労務・機械・資材及び作業日数など，あらゆる方面から検討する。

❸ 工程管理では，計画工程と実施工程を比較検討し，その間に差が生じた場合は原因を追求して改善する。

❹ 作業能率を高めるためには，実施工程の進行状況を常に全作業員に周知徹底させるように努める。

解 説

❶**不適当。**工程管理では，天候不良などの不測の事態に備えるため，また工期短縮によるコスト削減効果のため，実施工程が計画工程よりもやや上回るように管理する必要があります。したがって，❶が不適当です。

❷❸❹**適当。**設問のとおり，適当です。

「実施工程と計画工程」

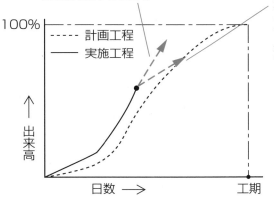

このまま順調に進んだ場合，
工期短縮によるコスト削減
効果が期待できます

天候不良などの不測
の事態が生じた場合
でも，工期の遅れを
最小限にすることが
できます

100%

計画工程
実施工程

出来高

日数 →　　　　　　工期

工程管理では，実施工程が計画工程よりもやや上回るように管理します。

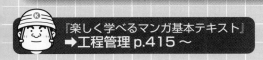

正解 **1**

施工管理

工程管理

工程管理

工程表

チェック!! ☑ ☐ ☐ ☐ ☐

No.
94

下記の説明に**該当する工程表**は，次のうちどれか。

「縦軸に出来高比率（％）を取り，横軸に時間経過比率（％）を取り，あらかじめ，予定工程を計画し，実施工程がその上方限界及び下方限界の許容範囲内に収まるように管理する工程表である。」

❶ 横線式工程表（バーチャート）

❷ 横線式工程表（ガントチャート）

❸ 曲線式工程表

❹ ネットワーク式工程表

解 説

説明文に該当する工程表は，以下のようになります。

「縦軸に出来高比率(％)，横軸に時間経過比率(％)を取り，あらかじめ，
　　　　(a)　　　　　　　　　(b)
予定工程を計画し，実施工程がその上方限界及び下方限界の許容範囲内に
　(c)　　　　　　　　　　　　　(d)　　　　　(e)
収まるように管理する工程表である。」

この工程表は，**曲線式工程表**の一つであるバナナ曲線です。したがって，❸
が該当する工程表です。

「バナナ曲線①」

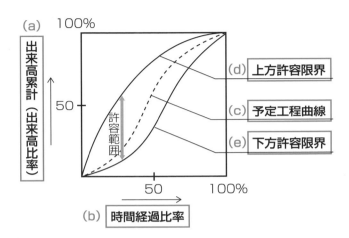

(a) 100%

出来高累計（出来高比率）

50

許容範囲

50 100%

時間経過比率 (b)

(d) 上方許容限界

(c) 予定工程曲線

(e) 下方許容限界

　バナナ曲線は, 出来高管理の限界が明確ですが, 出来高以外の管理が不明確という点が特徴です。

施工管理

工程管理

『楽しく学べるマンガ基本テキスト』
➡工程管理 p.415 〜

正解 3

工程管理

工程表

チェック!!

No.
95

工程管理の説明文に該当する工程図表の名称で次のうち, **適当なもの**はどれか。

縦軸に各作業を並べ, 横軸に工期をとり, 各作業の開始時点から終了時点までの日数を棒線で表した工程表であり, 各作業の開始日, 終了日, 所要日数が明らかになり, 簡潔で見やすく, 使いやすい。

❶ グラフ式工程表

❷ ネットワーク式工程表

❸ 横線式工程表（バーチャート）

❹ 斜線式工程表

解 説

説明文に該当する工程表は, 以下のようになります。

「縦軸に各作業を並べ, 横軸に工期をとり, 各作業の開始時点から終了時点
　　(a)　　　　　　　　(b)　　　　　　　　　　　(c)　　　　　(d)
までの日数を棒線で表した工程表であり, 各作業の開始日, 終了日, 所要日数
　　　(e)
が明らかになり, 簡潔で見やすく, 使いやすい。」

この工程表は, **横線式工程表**の一つであるバーチャートです。したがって, ❸が適当です。

ポイント解説

「バーチャート①」

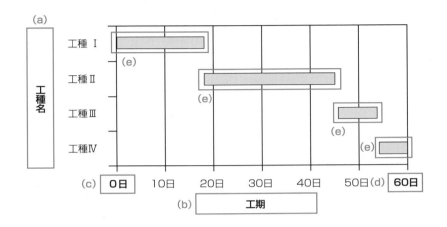

(a) 工種名

工種 Ⅰ
(e)
工種Ⅱ
(e)
工種Ⅲ
(e)
工種Ⅳ
(e)

(c) 0日　10日　20日　30日　40日　50日 (d) 60日

(b) 工期

　　バーチャートは, 各作業の工期が明確で, 表の作成が容易で使いやすい工程表ですが, 作業の相互関係が不明確という点が特徴です。

『楽しく学べるマンガ基本テキスト』
➡工程管理 p.415 ～

正解 3

工程管理

工程表

チェック‼ ☑ ☐ ☐ ☐ ☐

No.
96 　工程表の種類と特徴に関する次の記述のうち，**適当でないも**のはどれか。

❶　ネットワーク式工程表は，ネットワーク表示により工事内容が系統だてて明確になり，作業相互の関連や順序，施工時期などが的確に判断できるようにした図表である。

❷　グラフ式工程表は，縦軸に出来高又は工事作業量比率をとり，横軸に日数をとり工種ごとの工程を斜線で表した図表である。

❸　出来高累計曲線は，縦軸に出来高比率，横軸に工期をとって工事全体の出来高比率の累計を曲線で表した図表である。

❹　ガントチャートは，縦軸に出来高比率，横軸に時間経過比率をとり実施工程の上方限界と下方限界を表した図表である。

解　説

❶❷❸**適当。**設問のとおり，適当です。

❹**不適当。**ガントチャートは，

<u>縦軸に作業名</u>，<u>横軸に出来高比率（作業開始0％〜作業完了100％）</u>をとり，
　(a)　　　　　　 (b)

<u>各作業の完成率（出来高比率）を棒線で記入</u>した図表のことです。
　　　　　　　(c)

設問はバナナ曲線の特徴です。したがって，❹が不適当です。

「ガントチャート」

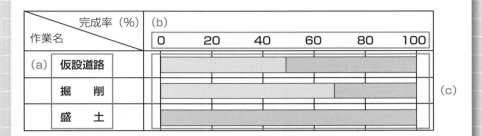

完成率（％） 作業名	(b) 0　　　20　　　40　　　60　　　80　　　100	(c)
(a) 仮設道路		
掘　削		
盛　土		

上記の例：仮設道路は約50%
　　　　　掘削は約70%
　　　　　盛土は0%
　　　　　　　　　　　　の完成率です。

　ガントチャートは, 各作業の進行状態が明確で, 工程表の作成が容易ですが, 各作業の工期や相互関係が不明確という点が特徴です。

『楽しく学べるマンガ基本テキスト』
➡工程管理 p.415 〜

正解 **4**

施工管理

工程管理

207

工程管理
工程表

チェック!! ☑ ☐ ☐ ☐ ☐

No.
97　　各種工程図表の特色を表す次の記述のうち，**適当でないもの**はどれか。

❶　ネットワーク式工程表……数多い作業から，どれが全体工程に影響をするかを知ることができ，工事の進度管理が的確に判断できる。

❷　斜線式工程表………………トンネルのように工事区間が線状に長く，工事の進行方向が一定の方向にしか進捗できない工事によく用いられる。

❸　出来高累計曲線……………工事全体の出来高比率の累計を曲線で表すもので，一般にバナナ曲線によって管理することが望ましい。

❹　バーチャート………………各作業の所要日数及び作業間の関連がわかるので，各作業による全体工程への影響がよくわかる。

解　説

❶❷❸**適当。**設問のとおり，適当です。

❹**不適当。**バーチャートは，縦軸に作業名，横軸に工期をとり，各作業の開始時点から終了時点までの日数を棒線で表した工程表で，各作業の開始日と終了日，所要日数が明確で，簡潔で見やすく使いやすい工程表です。しかし，作業間の関連や各作業による全体工程への影響は明確につかめません。したがって，❹が不適当です。

「バーチャート②」

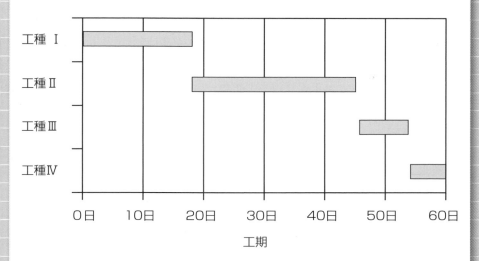

| | 0日 | 10日 | 20日 | 30日 | 40日 | 50日 | 60日 |

工種 Ⅰ
工種Ⅱ
工種Ⅲ
工種Ⅳ

工期

　各作業の所要日数や作業間の関連が明確で，各作業による全体工程への影響がよくわかるのは，ネットワーク式工程表です。

　工程表はそれぞれ長所と短所がありますので，対比して覚えるようにしましょう。

『楽しく学べるマンガ基本テキスト』
➡工程管理 p.415〜

正解 4

工程管理

工程管理曲線（バナナ曲線）

No.
98
工程管理曲線（バナナ曲線）に関する次の記述のうち，**適当
でないもの**はどれか。

❶ 上方許容限界と下方許容限界を設け，工程を管理する。

❷ 下方許容限界を下回ったときは，工程が遅れている。

❸ 出来高累計曲線は，一般にＳ字型となる。

❹ 縦軸に時間経過比率をとり，横軸に出来高比率をとる。

❶❷❸**適当。**設問のとおり，適当です。

❹**不適当。**バナナ曲線は縦軸に出来高比率，横軸に時間経過比率をとります。
したがって，❹が不適当です。

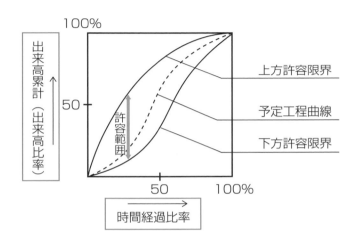

『楽しく学べるマンガ基本テキスト』
➡工程管理 p.415 〜

正解 **4**

施工管理

工程管理

工程管理

工程管理曲線（バナナ曲線）

No.
99　　　工程管理曲線（バナナ曲線）に関する次の記述のうち，**適当でないもの**はどれか。

❶　縦軸に出来高比率をとり，横軸に時間経過比率をとる。

❷　上方許容限界と下方許容限界を設け工程管理する。

❸　出来高累形曲線は，一般的に S 字型となる。

❹　上方許容限界を超えたときは，工程が遅れている。

解 説

❶❷❸**適当。**設問のとおり，適当です。

❹**不適当。**バナナ曲線で上方許容限界を超えたときは，工程が早く進み過ぎており，人員や施工機械等を投入し過ぎて不経済となっている可能性がある状況を示します。したがって，❹が不適当です。

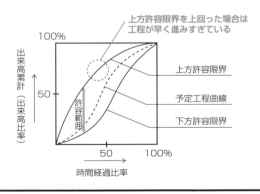

「バナナ曲線②」

　バナナ曲線において, 実績値が下図のA〜C点にある場合, 以下のような状況にある場合を示します。

A点：予定より工程が早く進み過ぎており, 不経済となっている可能性がある。

B点：予定工程に近く, 適切である。

C点：予定より工程が遅れているため, 工程を促進する必要がある。

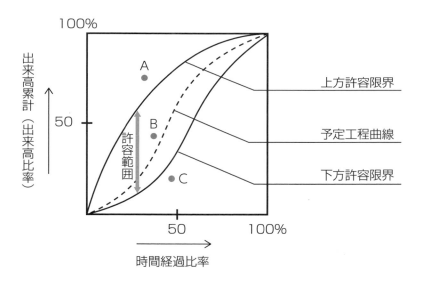

『楽しく学べるマンガ基本テキスト』
→工程管理 p.415 〜

正解 **4**

施工管理

工程管理

工程管理
ネットワーク式工程表の用語

重要度
AA

出題年度
H25-51

チェック‼ ☑ ☐ ☐ ☐ ☐

No.
100

ネットワーク式工程表の用語に関する次の記述のうち，**適当なものはどれか。**

❶ クリティカルパスは，総余裕日数が最大の作業の結合点を結んだ一連の経路を示す。

❷ 結合点番号（イベント番号）は，同じ番号が2つあってもよい。

❸ 結合点（イベント）は，○で表し，作業の開始と終了の接点を表す。

❹ 疑似作業（ダミー）は，破線で表し，所要時間をもつ場合もある。

解 説

❶不適当。クリティカルパスは，総余裕日数がゼロ（0）の作業の結合点を結んだ一連の経路で，余裕時間がなく最も所要日数のかかる経路のことをいいます。

❷不適当。結合点番号（イベント番号）は，○の中に数字を書き込んで表し，作業の順序を示すもので，同じ番号が2つ以上あってはなりません。

❸適当。結合点（イベント）は，○で表し，作業の開始と終了の接点を表します。

❹不適当。疑似作業（ダミー）は，破線で表し，作業の相互関係を示しますが，所要時間をもたない架空の作業のことをいいます。

　したがって，**❸**が適当です。

「ネットワーク式工程表」

単位作業（アクティビティ）

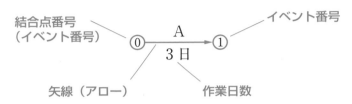

結合点番号
（イベント番号）

イベント番号

⓪ ——A——→ ①
3 日

矢線（アロー）

作業日数

　ネットワーク式工程表は，工事全体を単位作業（アクティビティ）の集合と考えて，これらの作業を施工順序に従って矢線（アロー）で表します。矢線の両端は結合点番号（イベント番号）を丸印で表示し，矢線と結合点番号によって作業関係を表します。結合点番号（イベント番号）は同じ番号が2つ以上あってはなりません。

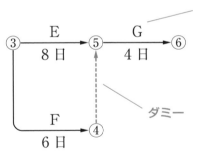

　③ ——E——→ ⑤ ——G——→ ⑥
　　　8 日　　　　4 日

　　　　　　　F
　　　　　　　6 日 ——→ ④

ダミー

※作業Gは，作業EとFの
　両方が終了しないと開始
　できません。

　ダミーは架空作業のことで，日数は0，作業名は無記入，矢線は点線で表示し，作業の相互関係のみを表します。

『楽しく学べるマンガ基本テキスト』
➡ネットワーク手法 p.421 〜

正解 **3**

施工管理

工程管理

重要度

AAA

出題年度
R元-51

工程管理
ネットワークの計算

チェック‼ ✓ ☐ ☐ ☐ ☐

No.
101

　下図のネットワーク式工程表に示す工事の**クリティカルパス
となる日数**は，次のうちどれか。

　ただし，図中のイベント間の A ～ G は作業内容，数字は作
業日数を表す。

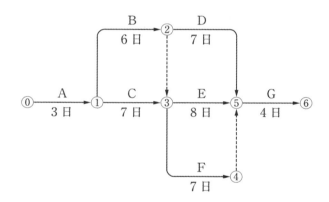

❶　21 日

❷　22 日

❸　23 日

❹　24 日

解　説

　イベント⓪から⑥までの作業経路には以下の5通りがあり，それぞれの経路の作業日数を計算すると次のようになります。

(ア) ⓪→①→②→⑤→⑥　　　　　　3日+6日+7日+4日　　　　＝20日
(イ) ⓪→①→②→③→⑤→⑥　　　　3日+6日+0日+8日+4日　　　＝21日
(ウ) ⓪→①→②→③→④→⑤→⑥　　3日+6日+0日+7日+0日+4日＝20日
(エ) ⓪→①→③→⑤→⑥　　　　　　3日+7日+8日+4日　　　　＝22日
(オ) ⓪→①→③→④→⑤→⑥　　　　3日+7日+7日+4日　　　　＝21日

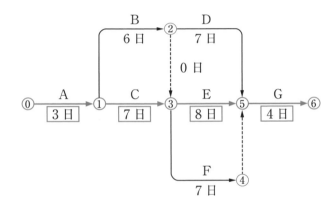

　以上から，この工事のクリティカルパスは経路(エ)の22日となります。したがって，❷が適当です。

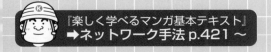

『楽しく学べるマンガ基本テキスト』
➡ネットワーク手法 p.421 〜

正解 ❷

施工管理

工程管理

217

工程管理
ネットワークの計算

チェック‼ ☑ ☐ ☐ ☐ ☐

No.
102

　下図のネットワーク式工程表について記載している下記の文章中の ▢▢▢ の（イ）～（ニ）に当てはまる語句の組合せとして，**正しいもの**は次のうちどれか。

　ただし，図中のイベント間のA～Gは作業内容，数字は作業日数を表す。

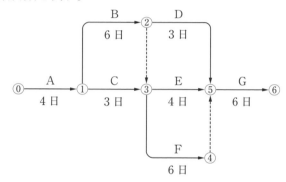

・ ▢（イ）▢ 及び ▢（ロ）▢ は，クリティカルパス上の作業である。

・作業Dが ▢（ハ）▢ 遅延しても，全体の工期に影響はない。

・この工程全体の工期は，▢（ニ）▢ である。

	（イ）	（ロ）	（ハ）	（ニ）
❶	作業B	作業F	3日	22日間
❷	作業C	作業E	4日	20日間
❸	作業C	作業E	3日	20日間
❹	作業B	作業F	4日	22日間

解　説

　イベント⓪から⑥までの作業経路には以下の５通りがあり，それぞれの経路の作業日数を計算すると次のようになります。

（ア）　⓪→①→②→⑤→⑥　　　　４日＋６日＋３日＋６日　　　　＝19日
（イ）　⓪→①→②→③→⑤→⑥　　４日＋６日＋０日＋４日＋６日　＝20日
（ウ）　⓪→①→②→③→④→⑤→⑥　４日＋６日＋０日＋６日＋０日＋６日＝22日
（エ）　⓪→①→③→⑤→⑥　　　　４日＋３日＋４日＋６日　　　　＝17日
（オ）　⓪→①→③→④→⑤→⑥　　４日＋３日＋６日＋０日＋６日　＝19日

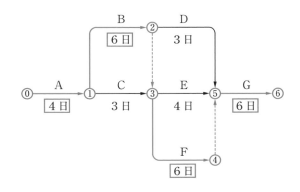

　以上から，この工事のクリティカルパスは経路（ウ）の22日となるため，問題文の空欄（イ）と（ロ）には作業Ｂと作業Ｆが該当し，工程全体の工期（ニ）は22日となります。また，作業Ｄ（②→⑤）を通る経路は，経路（ア）の19日であるため，作業Ｄの余裕日数（ハ）は22－19＝3日となります。
　したがって，❶が正しいです。

ネットワーク式工程表の日数計算の問題は頻繁に出題されていますので，過去問や演習問題を繰り返し解いて確実に解答できるように準備しましょう。

正解 **❶**

施工管理

工程管理

219

安全管理

墜落防止対策

チェック‼ ☑ ☐ ☐ ☐ ☐

No.
103

　高さが2メートル以上の箇所で作業を行う場合の墜落防止に関する次の記述のうち，**適当でないもの**はどれか。

❶　作業床に設ける手すりの高さは，床面から90センチメートル程度として，中桟を設けた。

❷　墜落の危険があるが，作業床を設けることができなかったので，防網を張り，安全帯を使用させて作業をした。

❸　強風が吹いて危険が予測されたので，作業を中止した。

❹　作業床の端，開口部に設置する手すり，囲い等の替わりにカラーコーン及び注意標識看板を設置した。

解　説

❶❷❸**適当。**設問のとおり，適当です。

❹**不適当。**事業者は，高さが2メートル以上の箇所で作業を行なう場合において墜落により労働者に危険を及ぼすおそれのあるときは，足場を組み立てる等の方法により作業床を設けなければなりません。また，作業床を設けることが困難なときは，防網を張り，労働者に安全帯を使用させる等墜落による労働者の危険を防止するための措置を講じなければなりません（労働安全衛生規則第518条）。

　カラーコーンや注意標識看板の設置だけでは，墜落防止措置になりません。したがって，❹が不適当です。

「墜落防止対策」

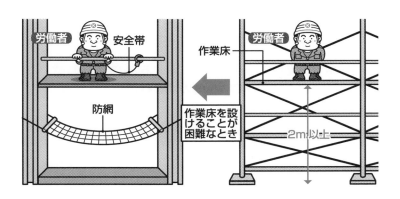

労働者　安全帯

防網

作業床を設けることが困難なとき

作業床

労働者

2m以上

　高さ２m以上で作業を行う場合の墜落防止対策は，作業床の設置を基本とし，作業床の設置が困難なときは防網の設置と安全帯の使用等による措置を講じなければなりません。

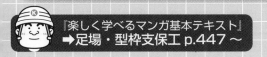

『楽しく学べるマンガ基本テキスト』
➡足場・型枠支保工 p.447 〜

正解 **4**

安全管理

型枠支保工の倒壊防止

チェック‼ ☑ ☐ ☐ ☐ ☐

No.
104

型わく支保工の倒壊防止に関する次の記述のうち，労働安全衛生規則上，**誤っているもの**はどれか。

❶ 強風や大雨等の悪天候のため危険が予想される場合は，組立て作業を行わない。

❷ 鋼管（単管パイプ）を支柱とする場合は，高さ2m以内ごとに水平つなぎを2方向に設け，水平つなぎの変位を防止する。

❸ 支柱を継ぎ足して使用する場合の継手構造は，重ね継手を基本とする。

❹ パイプサポートを支柱として用いる場合は，パイプサポートを3以上継いで用いない。

解　説

❶❷❹**正しい。**設問のとおり，正しいです。

❸**誤り。**型枠支保工の支柱を継ぎ足して使用する場合の継手構造は，<u>突合せ継手又は差込み継手</u>とし（労働安全衛生規則第242条），重ね継手としてはなりません。したがって，❸が誤りです。

「型枠支保工の倒壊防止対策」

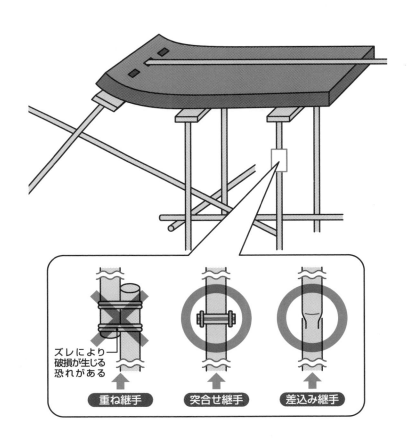

ズレにより破損が生じる恐れがある

重ね継手

突合せ継手

差込み継手

　型枠支保工の支柱にはコンクリート打設時に大きな鉛直荷重が作用するため，ズレにより破損する恐れがある重ね継手としてはならないという規定があります。

『楽しく学べるマンガ基本テキスト』
➡足場・型枠支保工 p.447～

正解 ③

重要度
AA

出題年度
H27-54

安全管理
型枠支保工の安全

チェック!! ☑ ☐ ☐ ☐ ☐

No. 105　　事業者が行う型枠支保工に関する次の記述のうち，労働安全衛生規則上，**誤っているもの**はどれか。

❶　型枠支保工の支柱の脚部の滑動を防止するため，脚部の固定や根がらみの取付け等の措置を講じること。

❷　コンクリート打込み作業を行う場合は，型枠支保工に異常が認められた際の作業中止のための措置を，あらかじめ講じておくこと。

❸　強風等悪天候のため作業に危険が予想される時に，型枠支保工の解体作業を行う場合は，作業主任者の指示に従い慎重に作業を行わせること。

❹　型枠支保工の組立て作業において，材料や工具の上げ下ろしをするときは，つり綱やつり袋等を労働者に使用させること。

解　説

❶❷❹正しい。設問のとおり，正しいです。

❸誤り。型枠支保工の解体（または組立て）作業を行なうときに，強風等悪天候のため作業に危険が予想される場合は，当該作業に労働者を従事させてはなりません（労働安全衛生規則第245条2号）。したがって，**❸**が誤りです。

『楽しく学べるマンガ基本テキスト』
→足場・型枠支保工 p.447〜

正解 **3**

安全管理

掘削面のこう配の基準
（手掘り掘削の安全）

チェック‼ ☑ ☐ ☐ ☐ ☐

No.
106

　手掘りにより岩盤又は堅い粘土からなる地山の掘削の作業において，掘削面の高さを5 m未満で行う場合に応じた**掘削面のこう配の基準**は，労働安全衛生規則上，次のうちどれか。

❶　90 度以下

❷　80 度以下

❸　70 度以下

❹　60 度以下

解 説

　手掘り（パワー・シヨベル等の掘削機械を用いないで行う掘削方法）により地山の掘削の作業を行うときは，掘削面のこう配を地山の種類及び掘削面の高さに応じ，下表に掲げる値以下としなければなりません（労働安全衛生規則第356条，357条）。

地山の種類	掘削面の高さ	掘削面のこう配	イメージ
岩盤または堅い粘土	5 m未満	90°以下	
	5 m以上	75°以下	

	2m未満	90°以下	
その他	2m以上5m未満	75°以下	
	5m以上	60°以下	
砂	掘削面のこう配35°以下 または高さ5m未満		
発破などにより 崩壊しやすい状態	掘削面のこう配45°以下 または高さ2m未満		

　手掘りにより岩盤または堅い粘土からなる地山の掘削の作業において，掘削面の高さを5m未満で行う場合の掘削面のこう配の基準は90度以下と定められています。したがって，❶が該当します。

ポイント解説

「掘削面のこう配の基準」

　岩盤や堅い粘土からなる**地盤は安定した堅い地盤で**あるため，5m未満の手掘り掘削であれば90°以下のこう配でよいと定められています。

『楽しく学べるマンガ基本テキスト』
➡掘削作業・土止め支保工 p.435～

施工管理

安全管理

正解 ❶

安全管理
車両系建設機械の安全

チェック‼ ☑ ☐ ☐ ☐ ☐

No.
107

車両系建設機械の作業について，事業者の責務に関し労働安全衛生法令上，次の記述のうち，**誤っているもの**はどれか。

❶ 最高速度が毎時 10km 超の建設機械を用いて作業を行うときは，あらかじめ作業場所の地形・地質の状態等に応じた適正な制限速度を定め，それにより作業を行わなければならない。

❷ 運転者が運転位置から離れるときは，バケットを地上から上げた状態にし，建設機械の逸走を防止しなければならない。

❸ 路肩，傾斜地等で建設機械作業を行うときは，建設機械の転倒又は転落による労働者の危険を防止するため，当該運行経路について路肩の崩壊の防止等の必要な措置を講じなければならない。

❹ 建設機械の運転時に誘導者を置くときは，一定の合図を定め，誘導者に合図を行わせ運転者はこの合図に従わなければならない。

解　説

❶❸❹**正しい。**設問のとおり，正しいです。

❷**誤り。**車両系建設機械の運転者が運転位置から離れるときは，バケットを地上におろし，原動機を止め，かつ，停止の状態を保持するためのブレーキを確実にかける等の逸走を防止する措置を講じなければなりません（労働安全衛生規則第151条の11）。したがって，❷が誤りです。

「車両系建設機械の安全」

　バックホウなどの車両系建設機械の運転者が運転位置から離れるときは，バケットを地上から上げた状態では不安定となり転倒する恐れがあるため，必ずバケットを地上におろして安定した状態にしてから**車両逸走防止措置**を講じる必要があります。

『楽しく学べるマンガ基本テキスト』
➡建設機械の安全 p.441 〜

正解 **2**

重要度
AAA

出題年度
H23-55

安全管理
車両系建設機械の安全

チェック!! ☑ ▢ ▢ ▢ ▢

No.
108

　　労働安全衛生規則上，事業者が行う建設機械作業の安全確保に関する次の記述のうち，**誤っているもの**はどれか。

❶　車両系建設機械の転落，地山の崩壊等による労働者の危険を防止するため，あらかじめ，当該作業に係る場所について地形，地質の状態等を調査し，その結果を記録しておかなければならない。

❷　運転中の車両系建設機械に接触することにより労働者に危険が生ずるおそれのある箇所には，原則として労働者を立ち入らせてはならない。

❸　車両系建設機械を用いて作業を行うときに，乗車席以外の箇所に労働者を乗せる場合は，当該車両系建設機械の運転者の死角に入らない場所に乗せなければならない。

❹　岩石の落下等により労働者に危険が生ずるおそれのある場所で車両系建設機械を使用するときは，当該車両系建設機械に堅固なヘッドガードを備えなければならない。

解　説

❶❷❹**正しい。**設問のとおり，正しいです。

❸**誤り。**車両系建設機械を用いて作業を行うときは，いかなる場合においても乗車席以外の箇所に労働者を乗せてはなりません（労働安全衛生規則第162条）。したがって，❸が誤りです。

「車両系建設機械の安全」

　車両系建設機械において，乗車席以外に人を乗せて作業を行う行為は危険ですので禁止されています。

『楽しく学べるマンガ基本テキスト』
➡建設機械の安全 p.441 ～

正解 3

安全管理

車両系建設機械の安全

No.
109

事業者は，ブルドーザ等の車両系建設機械を用いる施工等を次のように行った。労働安全衛生法上，次の記述のうち，**誤っているもの**はどれか。

❶ あらかじめ作業する場所の地形等を調査し，その調査により使用する機械の運搬経路，作業方法等を定めた作業計画を作り関係者全員に周知した。

❷ ブルドーザは作業を開始する前に点検を行い，さらに月１回の定期自主検査を行った。

❸ ブルドーザが作業する場合の合図は，この現場独自の合図方法を決めて，誘導者等の関係する労働者全員に指示した。

❹ 急傾斜の危険な状態となるおそれのある場所で，誘導者によりブルドーザを誘導して施工したが，誘導者が一時現場を離れた時も作業の継続を指示した。

解　説

❶❷❸**正しい。** 設問のとおり，正しいです。

❹**誤り。** 路肩，傾斜地等で車両系建設機械を用いて作業を行う場合において，車両系建設機械の転倒又は転落により労働者に危険が生ずるおそれのあるときは，誘導者を配置し，その者に誘導させるとともに，運転者は誘導者が行う誘導に従わなければなりません（労働安全衛生規則第151条の6第2項・第3項）。そのため誘導者が一時現場を離れる時は，作業を中止させなければなりません。したがって，❹が誤りです。

「車両系建設機械の安全」

　車両系建設機械を用いて作業を行うときは，労働安全衛生規則において安全管理上の様々な規制があります。ここまで取り上げた事項については頻繁に出題されていますので，確実に覚えるようにしましょう。

『楽しく学べるマンガ基本テキスト』
➡建設機械の安全 p.441 ～

正解 4

品質管理

品質管理の手順

チェック!! ☑☐☐☐☐

No.
110
　　　品質管理の PDCA（Plan, Do, Check, Action）の手順として，**適当なもの**は次のうちどれか。

（イ）　異常の原因を除去する処置をとる。

（ロ）　工事を「作業標準」に従って作業を実施する。

（ハ）　各データにより解析，検討する。

（ニ）　「品質特性」を決め，「品質標準」を決める。

❶　（ロ）→（ニ）→（ハ）→（イ）

❷　（ニ）→（ロ）→（ハ）→（イ）

❸　（イ）→（ハ）→（ロ）→（ニ）

❹　（ニ）→（ロ）→（イ）→（ハ）

解　説

　品質管理は以下のとおりPDCA（Plan, Do, Check, Action）の手順で行われます。

　　Plan（計画）……「品質特性」を決め，「品質標準」を決める。　……（ニ）

　　Do（実施）………工事を「作業標準」に従って作業を実施する。　…（ロ）

　　Check（検討）…各データにより解析，検討する。………………（ハ）

　　Action（処置）…異常の原因を除去する処置をとる。　…………（イ）

したがって，❷の（ニ）→（ロ）→（ハ）→（イ）が適当です。

「PDCA サイクル」

　Plan（計画），Do（実施），Check（検討），Action（処置）という4種類の活動を循環的に継続する活動を**PDCAサイクル**といいます。PDCAサイクルを回しながら品質管理活動の内容をより向上させていくことにより，品質の安定と不良率を低減することができます。

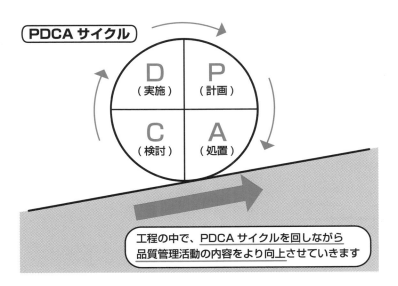

PDCA サイクル

| D（実施） | P（計画） |
| C（検討） | A（処置） |

工程の中で、PDCA サイクルを回しながら
品質管理活動の内容をより向上させていきます

施工管理

品質管理

『楽しく学べるマンガ基本テキスト』
➡品質管理 p.460 ～

正解 **2**

重要度

AAA

出題年度
R5-50

品質管理の手順

チェック!!

No.
111

　　工事の品質管理活動における品質管理の PDCA（Plan, Do, Check, Action）に関する次の記述のうち，**適当でないもの**はどれか。

❶ 第1段階（計画 Plan）では，品質特性の選定と品質規格を決定する。

❷ 第2段階（実施 Do）では，作業日報に基づき，作業を実施する。

❸ 第3段階（検討 Check）では，統計的手法により，解析・検討を行う。

❹ 第4段階（処理 Action）では，異常原因を追究し，除去する処置をとる。

解　説

　品質管理は以下のとおりPDCA（Plan, Do, Check, Action）の手順で行われます。

　　　Plan（**計画**）…… 品質特性の選定と品質規格を**決定する。**　………❶
　　　Do（**実施**）……… 規格値や作業標準に基づき，作業を実施する。…❷
　　　Check（**検討**）… 統計的手法により，解析・検討を行う。…………❸
　　　Action（**処置**）… 異常の原因を追求し除去する処置をとる。　……❹
したがって，❷が不適当です。

「PDCA サイクル」

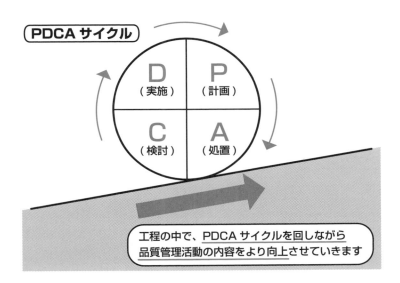

PDCA サイクル

D（実施）　P（計画）
C（検討）　A（処置）

工程の中で、PDCA サイクルを回しながら
品質管理活動の内容をより向上させていきます

　品質管理は，最初に決めた計画に沿って実施するというだけのものではなく，工程の中でPDCAサイクルを回しながら品質管理活動の内容をより向上させていくことが重要です。

　このPDCAサイクルの手順に関する問題は，過去頻繁に出題されていますので，4種類の活動内容をよく理解して，確実に解答できるように準備しましょう。

施工管理

品質管理

『楽しく学べるマンガ基本テキスト』
➡品質管理 p.460 ～

正解 **2**

品質管理

ヒストグラムの目的

チェック!! ☑ ☐ ☐ ☐ ☐

No.
112
　　　品質管理に用いるヒストグラムの目的に関する次の記述のうち，**適当でないもの**はどれか。

❶　サンプリングした試料の分布状態を容易に知る。

❷　分布の平均値や偏差などのバラツキの状態を調べる。

❸　時系列データの変化時の分布状況を知る。

❹　分布が統計的にどのような性質をもっているかを知る。

解　説

❶❷❹**適当。**設問のとおり，適当です。

❸**不適当。**ヒストグラムは，次頁の図のように横軸に品質特性値をとり，縦軸に度数をとって柱状図に表したもので，時間的な要素は含まれていないため，時系列データの変化時の分布状況を知ることはできません。したがって，❸が不適当です。

「ヒストグラム」

　品質特性値（データ）のバラツキを一定幅のクラスに分け，これを横軸にとり，縦軸に各クラスの度数を柱状図に表したものをヒストグラムといいます。ヒストグラムは，分布の位置や幅，標準値や規格値との関係や分布の形が適当か，などについて検討することができます。

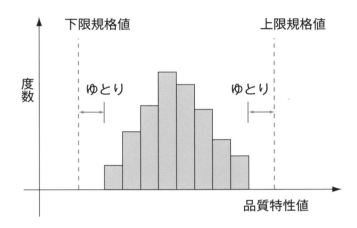

『楽しく学べるマンガ基本テキスト』
➡規格値と管理図 p.467 〜

正解 ❸

品質管理

ヒストグラム

チェック‼ ✓ ☐ ☐ ☐ ☐

No.
113
（A）〜（D）のヒストグラムの見方に関する次の記述のうち，**適当でないもの**はどれか。

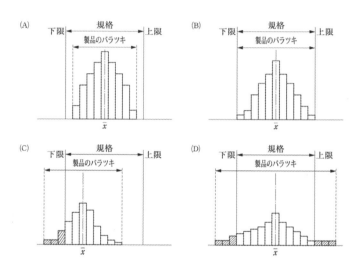

❶ A図は，製品のバラツキが規格に十分入っており，平均値も規格の中心と一致している。

❷ B図は，製品のバラツキが規格の上限値，下限値と一致しており，余裕がないので，規格値の幅を小さくする必要がある。

❸ C図は，製品のバラツキの平均値が下限側の左へずれすぎているので，規格の中心に平均値をもってくると同時に，バラツキを小さくする。

❹ D図は，製品のバラツキが規格の上限値も下限値も外れており，バラツキを小さくするための要因解析と対策が必要である。

解　説

❶❸❹**適当。**設問のとおり，適当です。

❷**不適当。**B図は製品のバラツキが規格の上限値，下限値と一致しており，余裕（ゆとり）がないことから，製品のバラツキの幅が小さくなるように処置する必要があります。しかし，規格値の幅を小さくすると規格値を超えてしまい，不満足となってしまいます。したがって，❷が不適当です。

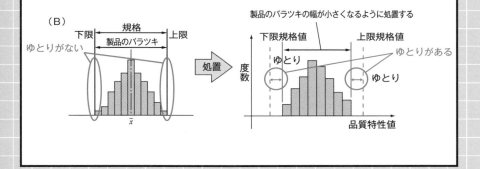

「ヒストグラム」

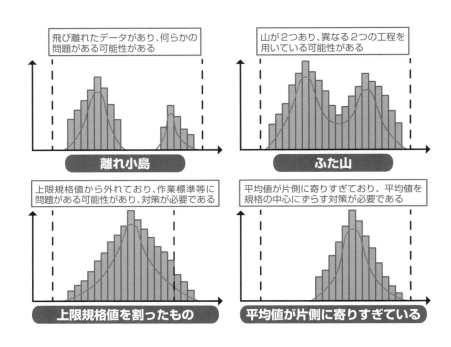

飛び離れたデータがあり、何らかの問題がある可能性がある

離れ小島

山が2つあり、異なる2つの工程を用いている可能性がある

ふた山

上限規格値から外れており、作業標準等に問題がある可能性があり、対策が必要である

上限規格値を割ったもの

平均値が片側に寄りすぎており、平均値を規格の中心にずらす対策が必要である

平均値が片側に寄りすぎている

　ヒストグラムの問題では，不満足なヒストグラムの例とその読み方についての設問がよく出題されますので，ここに挙げてある例とその読み方については理解して覚えるようにしましょう。

MEMO

『楽しく学べるマンガ基本テキスト』
➡規格値と管理図 p.467 〜

正解 **2**

品質管理

ヒストグラム

チェック‼ ☑ ☐ ☐ ☐ ☐

No.
114

品質管理に用いるヒストグラムに関する次の記述のうち，**適当でないもの**はどれか。

❶ ヒストグラムは，長さ，重さ，時間，強度などをはかるデータ（計量値）がどんな分布をしているか見やすく表した柱状図である。

❷ ヒストグラムは，安定した工程から取られたデータの場合，左右対称の整った形となるが異常があると不規則な形になる。

❸ ヒストグラムは，時系列データと管理限界線によって，工程の異常の発見が客観的に判断できる。

❹ ヒストグラムは，規格値を入れると全体に対しどの程度の不良品，不合格品が出ているかがわかる。

解 説

❶❷❹**適当。**設問のとおり，適当です。

❸**不適当。**ヒストグラムは，横軸に品質特性値をとり，縦軸に度数をとって柱状図に表したもので，時間的な要素は含まれていないため，時系列データの変化時の分布状況を知ることはできません。したがって，❸が不適当です。

「工程能力図」

　ヒストグラムでは判定できない品質特性値の時間的な変化や傾向を管理する場合は，工程能力図を使用します。工程能力図は，横軸に時間を，縦軸に品質特性値をとり，規格中心値と上下規格値を示す線を引いてデータを打点したもので，規格から外れたものを調べたり，点の並び方から工程における品質特性値の時間的な変化を調べることができます。

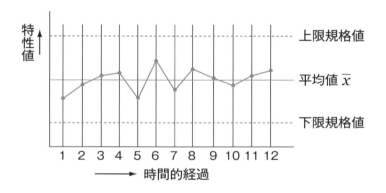

　品質管理において，品質規格値の規格値に対する分布状況を把握するために用いるのがヒストグラムで，時間的連続の変化を管理する場合は工程能力図を使用します。

施工管理

品質管理

『楽しく学べるマンガ基本テキスト』
➡規格値と管理図 p.467 〜

正解 ❸

重要度

AA

出題年度
H22-57

品質管理

ヒストグラム

チェック!! ☑ ☐ ☐ ☐ ☐

No.
115

　　下図は，品質管理に用いるヒストグラムを示したものである。図の（A）～（C）に当てはまる用語の組合せとして次のうち，**適当なもの**はどれか。

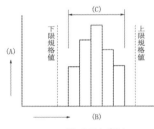

図　ヒストグラム

	(A)	(B)	(C)
❶	度数	品質特性値	ゆとり
❷	度数	品質特性値	バラツキ
❸	品質特性値	度数	ゆとり
❹	品質特性値	度数	バラツキ

解　説

　　ヒストグラムは，右図のように<u>品質特性値</u>の<u>バラツキ</u>を一定幅のクラスに
　　　　　　　　　　　　　　　　　　　(B)　　　　　(C)
分け，これを横軸にとり，縦軸に各クラスの<u>度数</u>をとって柱状図に表したも
　　　　　　　　　　　　　　　　　　　　　　　　(A)
のです。

　　ゆとりは，品質特性値のバラツキの幅と，上限規格値と下限規格値との差の
ことをいいます。したがって，(A)は度数，(B)は品質特性値，(C)はバラツ
キを表していますので，❷が適当です。

「ヒストグラム（用語）」

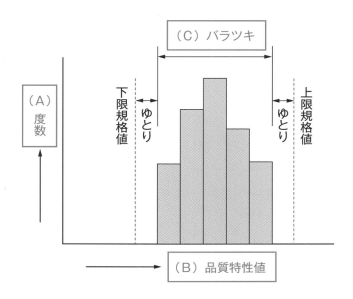

（C）バラツキ

（A）度数

下限規格値　ゆとり

上限規格値　ゆとり

（B）品質特性値

　ヒストグラムの問題はよく出題されていますので，用語を確実に覚えるようにしましょう。

施工管理

品質管理

『楽しく学べるマンガ基本テキスト』
➡規格値と管理図 p.467 〜

正解 **2**

建設機械

掘削機械

チェック‼ ✓ ☐ ☐ ☐ ☐

No.
116
掘削機械に関する次の記述のうち，**適当でないもの**はどれか。

❶ ローディングショベルは，機械の位置より低い場所の掘削に適し，かたい地盤の土砂の掘削に用いられる。

❷ バックホウは，機械の位置よりも低い場所での掘削に適し，構造物の基礎の掘削に用いられる。

❸ クラムシェルは，クローラクレーンのブームからワイヤロープにつり下げた開閉式のバケットで掘削するもので，狭い場所での深い掘削に用いられる。

❹ ドラグラインは，クローラクレーンのブームからワイヤロープにつり下げたバケットで掘削するもので，軟らかい地盤の水路掘削に用いられる。

解 説

❶**不適当。**ローディングショベルは，バケットが上向きに取りつけられたもので，機械の位置より高い場所の掘削に適し，かたい地盤の土砂の掘削に用いられます。したがって，❶が不適当です。

❷❸❹**適当。**設問のとおり，適当です。

●ローディングショベル

「ショベル系掘削機械」

　ショベル系掘削機械は，走行装置上に旋回体を設け，ブーム先端に各種アタッチメントを取り付けたものです。掘削箇所が機械の位置より高い場合は，ローディングショベルが適し，低い場合はバックホウが適しています。

●ローディングショベル

●バックホウ

『楽しく学べるマンガ基本テキスト』
➡土工作業と建設機械 p.478 ～

正解 ①

建設機械

土工機械と土工作業

チェック‼ ☑ ☐ ☐ ☐ ☐

No.
117
　　土工において**掘削及び積込みの作業に用いられる建設機械**は，次のうちどれか。

❶　ブルドーザ

❷　振動ローラ

❸　モーターグレーダ

❹　バックホウ

解　説

　❹バックホゥは，ブーム先端に取り付けたバケットを手前に引き寄せることにより，機械の位置より低い場所の掘削に適した建設機械で，掘削した土砂の運搬車への積込み作業にも用いられます。❶ブルドーザ，❷振動ローラ，❸モーターグレーダは，掘削と積込みの両方の作業を兼ね備えることができる建設機械ではありません。したがって，❹が該当します。

「土工機械」

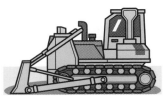

●ブルドーザ
掘削や整地，敷均しなどの作業に用いられます

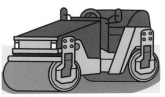

●振動ローラ
振動による締固め作業に用いられます

●モーターグレーダ
整地や敷均し，のり面仕上げなどの作業に用いられます

●バックホゥ
機械の位置より低い場所の掘削や積込み作業に用いられます

施工管理

建設機械

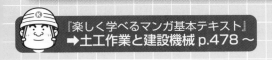

『楽しく学べるマンガ基本テキスト』
➡土工作業と建設機械 p.478〜

正解 4

建設リサイクル法

チェック‼ ✓ ☐ ☐ ☐ ☐

No.
118

「建設工事に係る資材の再資源化等に関する法律」(建設リサイクル法)に定められている特定建設資材に**該当するもの**は,次のうちどれか。

❶ ガラス類

❷ 廃プラスチック

❸ アスファルト・コンクリート

❹ 土砂

解 説

❶❷❹は何れも建設リサイクル法で定められている特定建設資材に該当せず,❸が<u>特定建設資材</u>に該当します。したがって,❸が該当します。

「特定建設資材」

　建設工事に係る資材の再資源化等に関する法律（建設リサイクル法）に定められている**特定建設資材**とは，コンクリート，木材その他建設資材のうち，建設資材廃棄物となった場合におけるその再資源化が資源の有効な利用及び廃棄物の減量を図る上で特に必要であり，かつ，その再資源化が経済性の面において制約が著しくないと認められるものをいい（建設リサイクル法第2条第5項），以下のものがあります（同法施行令第1条）。

①コンクリート
②コンクリート及び鉄から成る建設資材
③木材
④アスファルト・コンクリート

なるほど！

コンクリート

コンクリート及び鉄から成る建設資材

木材

アスファルト・コンクリート

「特定建設資材」とは次に掲げる建設資材です

正解 **3**

果的な学習を進めていただくために、日建学院では様々な「受講スタ

トを通じて受講するWeb型など、それぞれ特徴を持つ学習環境の中

ください。

日建学院

| 8月 | 9月 | 10月 |

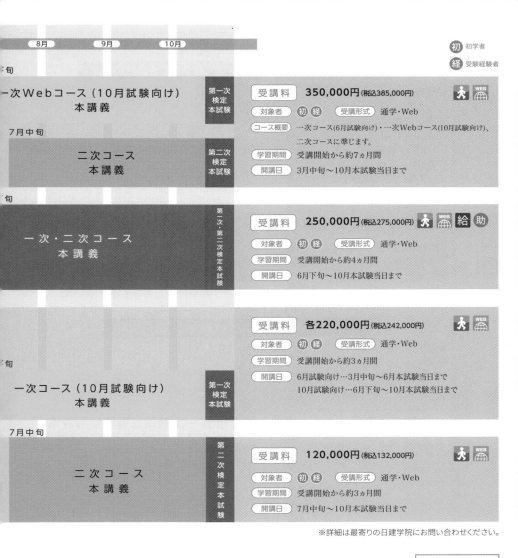

初 初学者
経 受験経験者

一次Webコース（10月試験向け）本講義

第一次検定本試験

受講料	**350,000円**（税込385,000円）	大 WEB
対象者	初 経　受講形式　通学・Web
コース概要	一次コース(6月試験向け)・一次Webコース(10月試験向け)、二次コースに準じます。
学習期間	受講開始から約7ヵ月間
開講日	3月中旬〜10月本試験当日まで

7月中旬

二次コース 本講義

第二次検定本試験

一次・二次コース 本講義

第一次・第二次検定本試験

受講料	**250,000円**（税込275,000円）	大 WEB 給 助
対象者	初 経　受講形式　通学・Web
学習期間	受講開始から約4ヵ月間
開講日	6月下旬〜10月本試験当日まで

一次コース（10月試験向け）本講義

第一次検定本試験

受講料	**各220,000円**（税込242,000円）	大 WEB
対象者	初 経　受講形式　通学・Web
学習期間	受講開始から約3ヵ月間
開講日	6月試験向け…3月中旬〜6月本試験当日まで
	10月試験向け…6月下旬〜10月本試験当日まで

7月中旬

二次コース 本講義

第二次検定本試験

受講料	**120,000円**（税込132,000円）	大 WEB
対象者	初 経　受講形式　通学・Web
学習期間	受講開始から約3ヵ月間
開講日	7月中旬〜10月本試験当日まで

※詳細は最寄りの日建学院にお問い合わせください。

学院の[**2級土木施工管理技士講座**]について

くは日建学院HPをご覧ください。

【正誤等に関するお問合せについて】
　本書の記載内容に万一，誤り等が疑われる箇所がございましたら，**郵送・FAX・メール等の書面**にて以下の連絡先までお問合せください。その際には，お問合せされる方のお名前・連絡先等を必ず明記してください。また，お問合せの受付け後，回答には時間を要しますので，あらかじめご了承いただきますよう，お願い申し上げます。

　なお，正誤等に関するお問合せ以外のご質問，受験指導および相談等はお受けできません。そのようなお問合せにはご回答いたしかねますので，あらかじめご了承ください。

お電話によるお問い合わせは，お受けできません。

[郵送先]
〒171-0014
東京都豊島区池袋2-38-1　日建学院ビル3F
建築資料研究社 出版部
「令和6年度版　2級土木施工管理技士 一次対策厳選問題解説集」正誤問合せ係
[FAX]
03-3987-3256
[メールアドレス]
seigo@mx1.ksknet.co.jp
（必ず書名を明記してください）

【本書の法改正・正誤等について】
　本書の発行後に発生しました令和6年度試験に関係する法改正・正誤等についての情報は，下記ホームページ内でご覧いただけます。
　なおホームページへの掲載は，対象試験終了時ないし，本書の改訂版が発行されるまでとなりますので予めご了承ください。

https://www.kskpub.com ➡ 訂正・追録

＊DTP編集／新藤　昇（Show's Design株式会社）
＊装　　丁／齋藤知恵子（sacco）
＊イラスト／CHICKEN CHILD,
　　　　　　重松延寿

令和6年度版　2級土木施工管理技士 一次対策厳選問題解説集

2024年3月10日　初版第1刷発行
編　著　土木施工管理技士資格研究会
発行人　馬場 栄一
発行所　株式会社建築資料研究社
　　　　〒171-0014　東京都豊島区池袋2-38-1
　　　　　　　　　　日建学院ビル3F
　　　　　　　　　　TEL：03-3986-3239
　　　　　　　　　　FAX：03-3987-3256
印刷所　株式会社ワコー